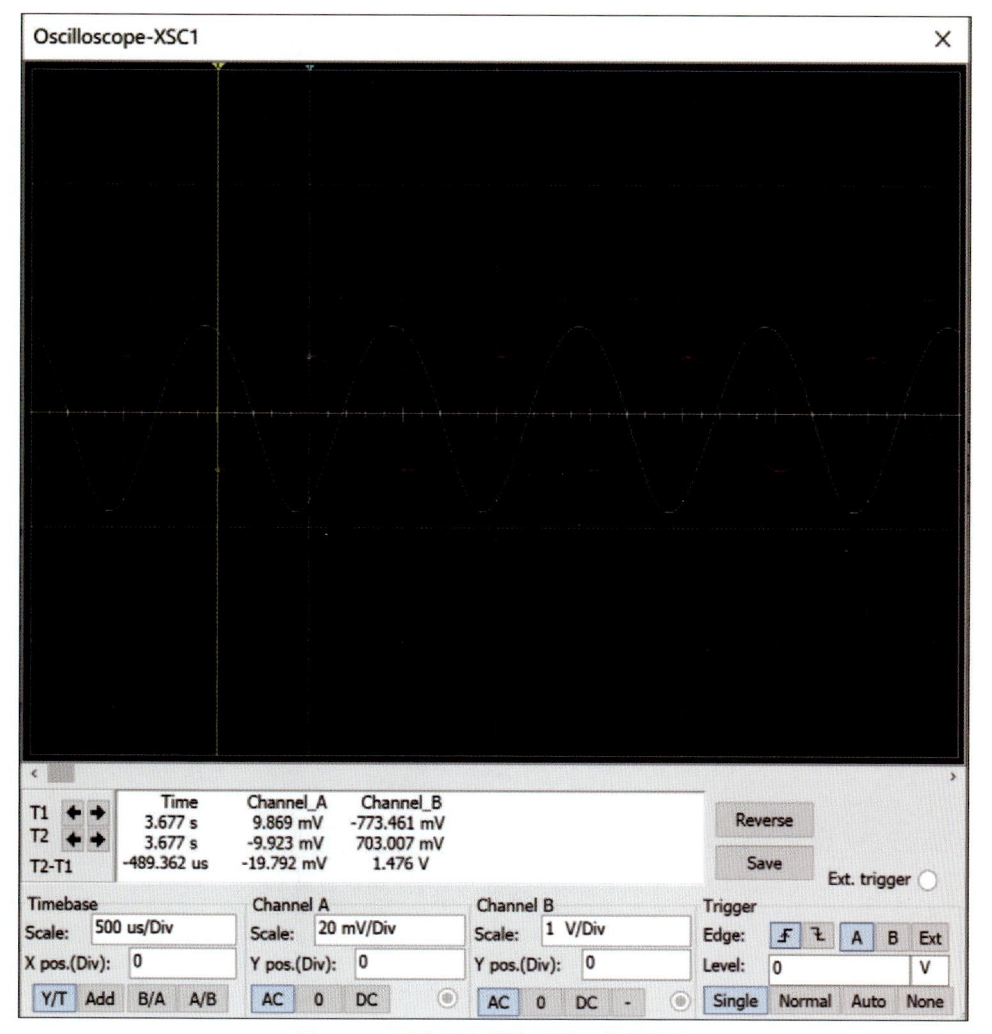

图 2.15　双踪示波器波形显示仿真结果

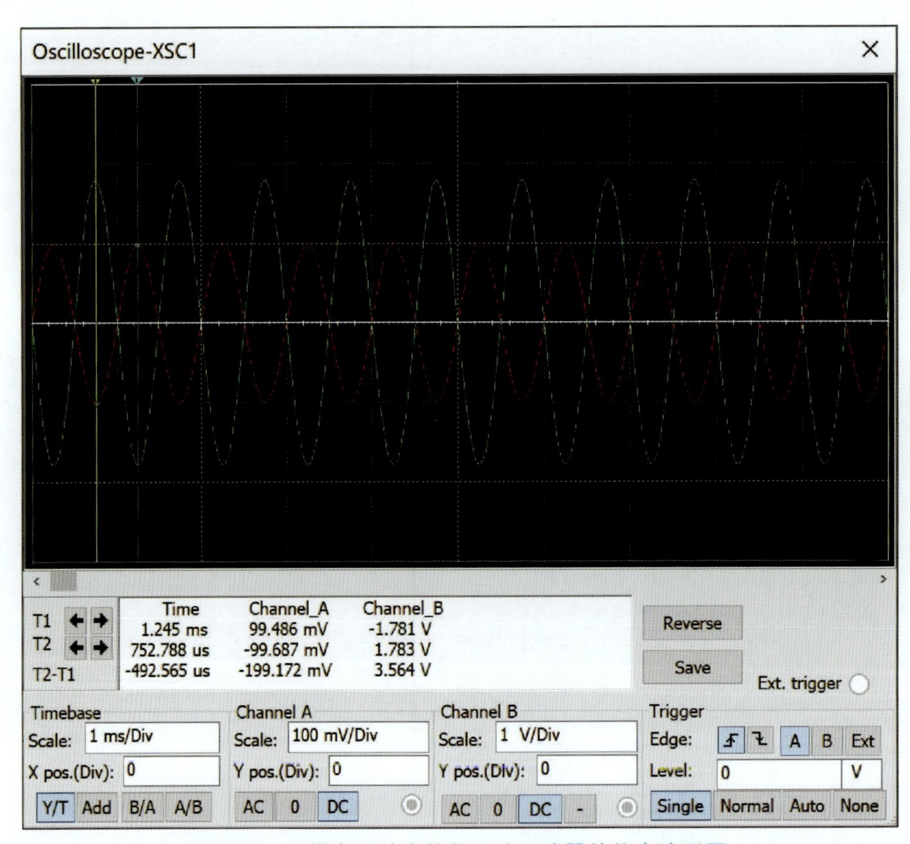

图 2.20　差模电压放大倍数双踪示波器的仿真波形图

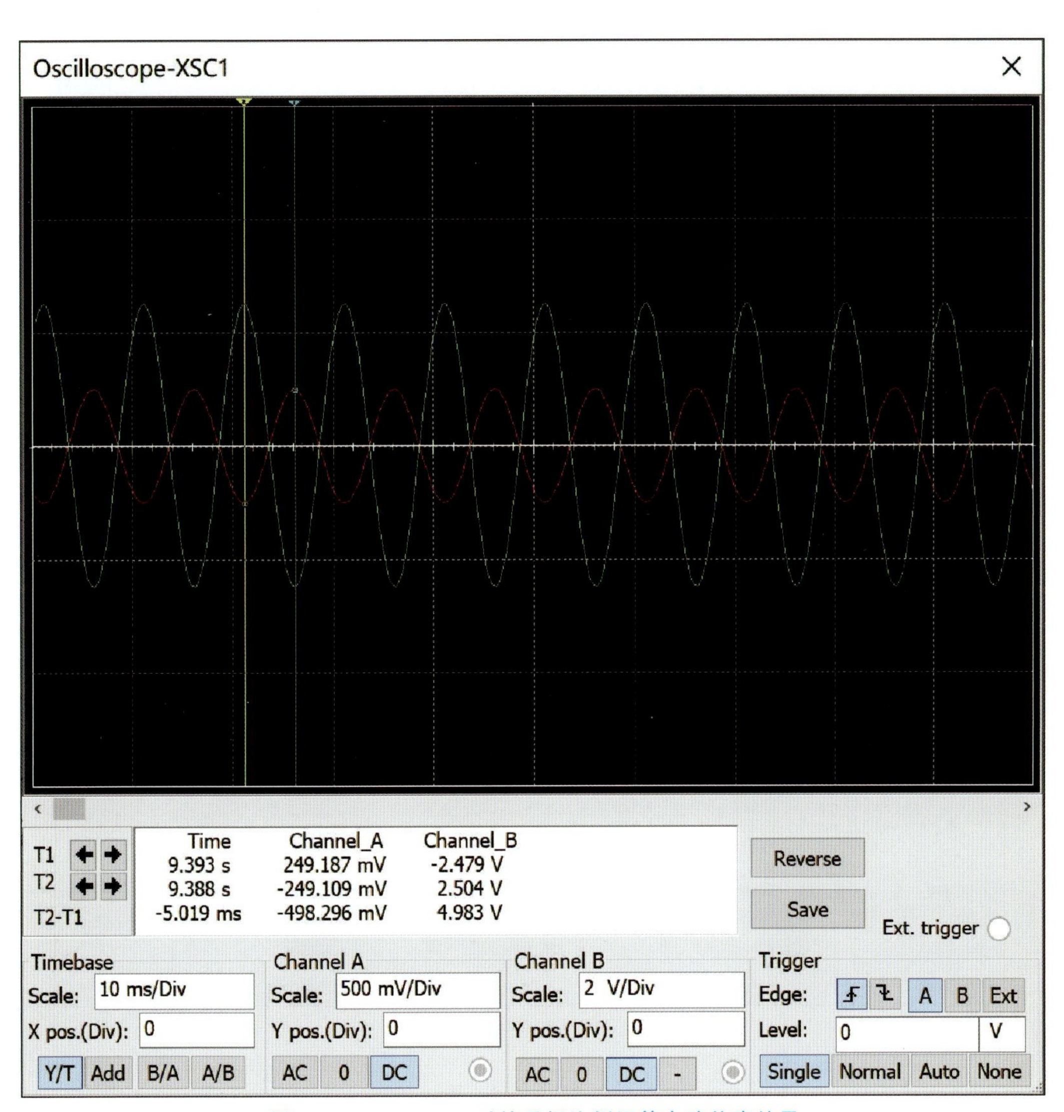

图 2.32 U_{ipp}=0.5V 时的反相比例运算电路仿真结果

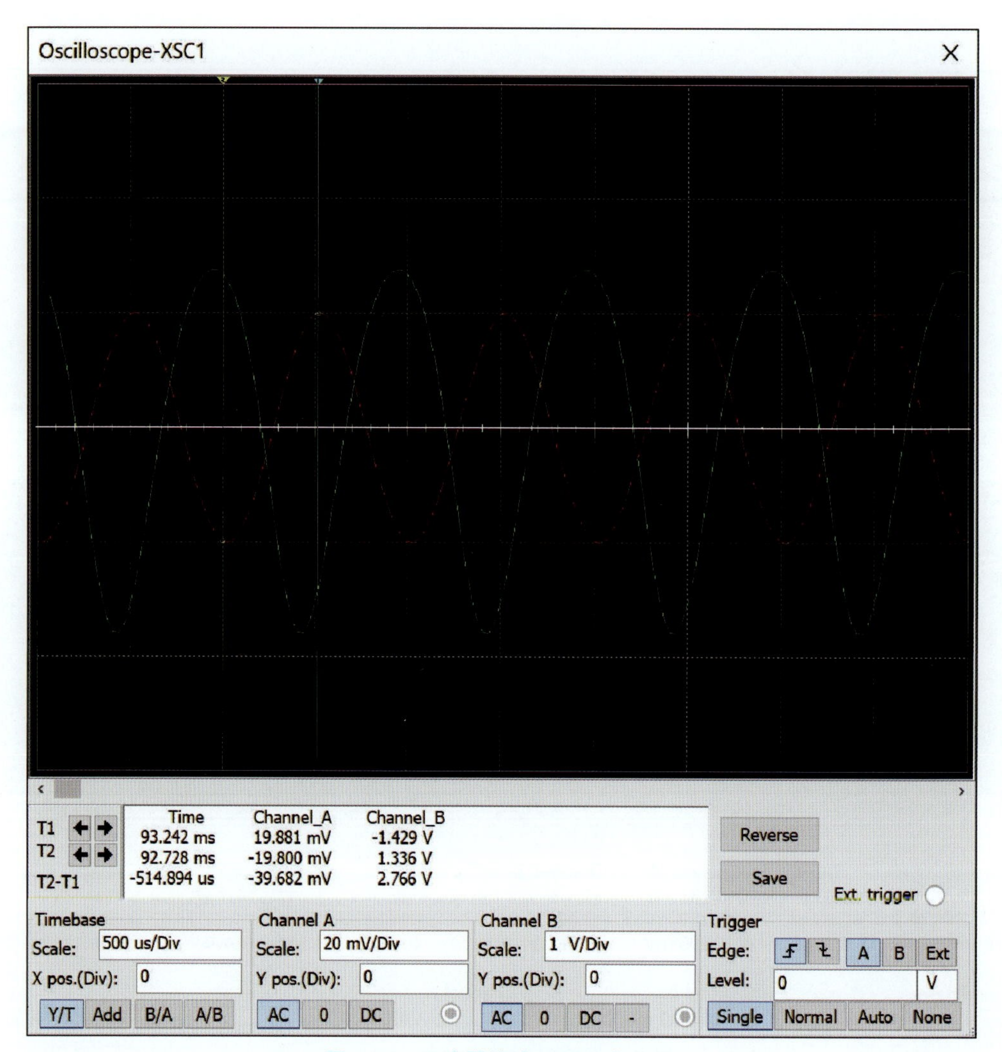

图 4.50 示波器的波形图仿真结果

普通高等院校
电子信息系列教材

李巧巧 主 编
郭晓然 副主编

模拟电路与数字电路实验教程

清華大学出版社
北京

内容简介

本书用于“模拟电路与数字电路”课程的实验教学。本书共4章，第1章为绪论，主要介绍了电子技术实验的主要性质与任务、电子技术实验的基本过程、电子技术实验的规范操作及人身和仪器设备的安全。第2章为模拟电路实验，主要介绍了常用电子仪器的使用、晶体管共射极单管放大器、差分放大器电路的测试及集成运算放大器的基本应用，每个实验的内容都包括线下（硬件）实验和线上 Multisim 仿真实验。第3章为数字电路实验，主要介绍了组合逻辑电路功能分析、组合逻辑电路的设计与测试、译码器及其应用、触发器及其应用、计数器及其应用、移位寄存器及其应用，同样，每个实验的实验内容都包括线下实验和线上 Multisim 仿真实验。第4章为 Multisim 14 仿真软件入门。本书附录部分给出了部分数字集成电路芯片引脚功能排列。

本书可作为高等院校计算机、软件工程、电子信息、物联网等专业及相关专业的本科生实验教材，还可作为有关工程技术人员的参考书。

图书在版编目（CIP）数据

模拟电路与数字电路实验教程 / 李巧巧主编 ；郭晓然副主编. -- 北京 ：清华大学出版社，2024. 8.
（普通高等院校电子信息系列教材）. -- ISBN 978-7-302-67017-9

Ⅰ. TN710.4；TN79

中国国家版本馆 CIP 数据核字第 20241P3T92 号

责任编辑：白立军　薛　阳
封面设计：常雪影
责任校对：王勤勤
责任印制：宋　林

出版发行：清华大学出版社
网　　址：https://www.tup.com.cn，https://www.wqxuetang.com
地　　址：北京清华大学学研大厦 A 座　　邮　　编：100084
社 总 机：010-83470000　　邮　　购：010-62786544
投稿与读者服务：010-62776969，c-service@tup.tsinghua.edu.cn
质量反馈：010-62772015，zhiliang@tup.tsinghua.edu.cn
课件下载：https://www.tup.com.cn，010-83470236
印 装 者：三河市铭诚印务有限公司
经　　销：全国新华书店
开　　本：185mm×260mm　　印　张：9.5　　彩　插：2　　字　　数：233 千字
版　　次：2024 年 8 月第 1 版　　印　　次：2024 年 8 月第1次印刷
定　　价：39.80 元

产品编号：106662-01

前言

Foreword

动手能力的培养与锻炼在高等学校工科专业中占据核心地位,而与之相配套的课程实验和实践则是实现这一目标的关键环节。通过实验,学生能够更加深入地巩固和理解所学的理论知识,进而提升对这些知识的综合运用能力。同时,这一过程也有助于培养学生积极思考、动手实践、观察分析和自主学习的能力,激发创新思维,培养团队合作精神。在具体的实验操作中,学生能够熟练掌握常用电子仪器设备的使用技巧、电子电路的实验与设计方法,以及基本的测试技能;此外,学生还能够学会如何正确分析、处理实验数据和现象,准确评估实验误差,并初步具备分析、检查和排除电子线路故障的能力。

为满足普通工科院校电子及相关专业在电子技术方面课程的多元化需求,特别是针对模拟电路与数字电路课时安排较少的专业,本书精心编排了4个模拟电路实验和6个数字电路实验,可以根据教学需求和时间安排自由选择和组合。每个实验下的内容,都可以根据实际需求分次、分段或部分完成,为教师和学生提供了广泛的选择空间,以满足不同层次的教学需求。

本书所有实验均可以通过Multisim仿真软件进行线上虚拟仿真。这一特色不仅可以帮助学生巩固传统的电子技术实验知识,还可以拓展他们的技术视野,进一步提升现代电子技术水平和创新能力。

本书共4章,具体内容如下。

第1章为绪论,主要阐述了电子技术实验必备的基本知识及注意事项。

第2章和第3章分别为模拟电路实验和数字电路实验。

第4章为Multisim 14仿真软件入门。

本书附录给出了部分数字集成电路芯片引脚功能排列。

由于时间紧迫以及编者水平有限,书中难免存在不足之处,真诚地欢迎广大读者提出宝贵的意见,以帮助我们不断完善和进步。

目录

Contents

第1章

绪　　论

1.1　电子技术实验的性质与主要任务

电子技术作为一门极具应用性和实践性的学科，实验在其研究与发展过程中发挥着至关重要的作用。工程及科研人员通过精心设计和实施电子技术实验，深入探究电子技术元器件和电路的工作原理，全面检测并验证其性能指标，研究其功能及适用领域，进而设计和组装出各种实用的电子电路和整机。

电子技术不仅是电气、电子信息类专业不可或缺的重要技术基础课程，其实验环节更是这一课程体系中至关重要的教学环节。通过实验，学生能够扎实掌握电子技术的基础知识和基本技能，学会运用所学理论去分析和解决实际问题，从而提升团队合作等实际工作的能力，并在这一过程中锻炼意志品质。这对于正在学习电子技术课程的学生而言，无疑具有重要意义。

电子技术的基础实验旨在为学生提供一个系统的训练平台，使学生在基础实验知识、基础实验理论和基本实验技能三方面得到全面而深入的培养。通过实验的熏陶和实践的锻炼，学生将逐渐爱上实验、敢于实验，最终学会实验，成为擅长将理论知识与实践相结合、能够将理论知识服务于实际的高级专业技术人才，从而为实践创新和理论知识的发展做出重要贡献。

1.2　电子技术实验的基本过程

电子技术实验涵盖多个领域，每个实验的目的、内容、步骤均各具特色，但它们的基本过程却十分相似。为了确保实验达到预期效果，实验者需要遵循以下几方面的指导原则。

1.2.1　实验前的充分预习

实验者应对实验内容进行全面而深入的了解，确保实验前已有明确的目标和清晰的思路。为了避免盲目操作，确保实验过程的有序进行，实验者需要提前完成以下准备工作。

(1) 仔细阅读实验教材，准确理解实验目的和任务，对实验内容有全面的了解。

(2) 复习和巩固与实验相关的理论知识，认真完成实验所需的电路设计、参数计算等任务。

(3) 根据实验内容制订详细的实验步骤，选择合适的测试方案，确定所需的测试仪器，并熟练掌握所有仪器的使用方法。

(4) 设计用于记录实验数据的图表。

1.2.2 实验前的操作与安全准备

在实验电路连接完毕即将进行通电测试之前，实验者需要确保满足以下安全条件。

(1) 检查220V交流电源和实验所需的所有仪器仪表是否齐全且符合要求。确保各种仪器面板上的旋钮处于所需的待用位置，如直流稳压电源应设置在所需的电压挡，并调整输出电压至所需数值。特别注意，在调整电压或与实验电路板连接之前，不得打开实验电路箱的电源，示波器等仪器的旋钮应放置在合适的位置。

(2) 在接线之前，对实验所用的元器件进行检查，确保其性能良好。合理布局元器件，将它们安装在实验电路板上，整理好导线，然后按照设计好的实验电路图进行导线连接，完成实验电路的实际连接。

(3) 在接通电源之前，对实验电路板上的元器件和连接线进行详细的检查，确保无错接、漏接现象，特别是注意电源与电解电容的极性是否正确连接。同时，确保电源线和地线清晰区分，实验电路板的地线与仪器地线应共地，并避免碰线短路等问题。经过仔细检查，确认安装和接线无误后，方可开始实验。

1.2.3 实验

在实验过程中，必须严格遵守实验操作规程，保持高度集中，积极思考，对实验现象进行细致入微的观察，并认真、详尽地记录实验数据。对于复杂的实验，建议采取分块或分步的方式进行，以确保实验的顺利进行。当遇到问题或挫折时，需要保持冷静，运用所学的理论知识进行深入思考和分析，以找出问题的症结所在。在遇到问题时，切记不可急于求成，比如随意拔掉所有连接线，因为这样做很可能在重新开始实验时再次遇到相同的问题。实验中遇到问题是十分正常的现象，出错的可能性多种多样，无须因此惊慌失措。面对问题时，独立思考并努力解决，是对能力最大的锻炼，同时也是收获最大的实验方式。当然，在实验过程中，可以向老师请教或与小组成员进行讨论，但应独立解决问题。应积极主动，勇于面对挑战，以便从中学习和成长。

1.2.4 撰写实验报告

实验报告不仅是实验结果的汇总和反馈，更是对实验课程内容的深化与提升。通过撰写实验报告，学生能够将知识系统化，进而养成综合分析的能力。实验的价值在很大程度上取决于报告的质量，因为报告中所呈现的实验结果是他人了解实验者实验内容的主要途径。因此,必须对撰写实验报告给予足够的重视。为了撰写一份高质量的实验报告,必须做到以下几点。

1. 以实事求是的科学态度认真对待每一次实验

(1) 在实验过程中,应准确记录所有实验原始数据,确保数据的真实性,不得擅自修改或抄袭。

(2) 对于测量结果和实验现象,需要进行正确的分析和判断。不能对测量结果的准确性一无所知,否则,可能因数据错误而导致实验失败,甚至需要重做。一旦发现数据有问题,应仔细检查线路并分析原因。在初步整理数据后,应请指导教师审阅,确认无误后方可拆除连接线。

2. 实验报告必须由每位实验小组成员独立撰写

严禁共同编写一份实验报告,实验报告应包含以下几个关键部分。

(1) 实验目的。清晰阐述实验的核心目标和预期结果。

(2) 实验原理。详细说明实验所依据的科学原理或理论。

(3) 实验仪器。提供所用仪器的规格、型号及编号。

(4) 实验方法与设备。描述实验电路、采用的测试方法及所使用的测试设备。

(5) 实验数据与结果。展示实验的原始数据、波形图、现象观察及对这些数据的处理和分析结果。

(6) 结果分析与讨论。对实验结果进行深入分析,讨论可能的问题、误差来源及改进措施。

(7) 个人收获与体会。反思实验过程,分享个人学习到的知识、技能和心得体会。

在撰写实验报告时,对实验数据的科学处理至关重要,以便揭示数据背后的规律并得出有意义的结论。常用的数据处理方法包括列表整理和图形化表示。数据可以分类整理成表格,便于分析和比较。同时,通过坐标图或曲线图可以直观地展示实验结果。在绘图时,应注意选择合适的坐标刻度和坐标起点位置(坐标起点不必固定为零),推荐使用方格纸进行绘制。当数据范围跨度较大时,可以考虑使用对数坐标纸。此外,在波形图上应明确标注关键参数,如幅值、周期等。

通过遵循这些准则,学生不仅能够提高自己的实验技能,还能够培养严谨的科学态度和批判性思维。

1.3 电子技术实验的规范操作

如同众多实践活动,电子技术实验也有一套规范的操作流程。对于工程和科研人员来说,电子设备的安装、调试和测量是必备技能。因此,学生从一开始就应致力于培养正确、良好的操作习惯,以便逐步积累实验经验,不断提升实验技能。

1.3.1 实验仪器的合理布局

在进行实验时,各种仪器、仪表和实验对象(如实验电路板和实验装置)应根据信号流向进行合理布局，确保接线简洁、调节方便、观察与读数顺畅。推荐将输入信号源放置在实验板的左侧，测试用的示波器与电压表放置在右侧，实验用的直流电源则置于中间位置。

1.3.2 电子实验箱上的元件插接、安装与布线

现代电子技术实验箱通常配备有多孔插座（俗称面包板），使得实验电路可以方便地进行插接、安装和接线，无须焊接，并可重复使用。然而，面包板接线可能会出现接触不良的问题，因此，正确的布线显得至关重要。整齐的布线不仅方便检查和测量，还能够确保电路稳定可靠地运行，是实验顺利进行的基础。

在实际操作中，为了避免草率和杂乱无章地接线导致的故障和浪费时间，多孔插座上的接插安装应遵循以下原则。

(1) 熟悉多孔插座板和实验台（箱）的结构，根据实验台（箱）的特点合理安排元器件位置和电路布线。通常应以集成电路（integrated circuit，IC）或晶体管为中心，遵循集成电路凹槽口朝左、输入与输出分离的原则，以适当的间距放置其他元器件。最好预先绘制实物布置图和布线图，避免错误。

(2) 在接插前，使用钳子或镊子将待接插元器件和导线的插脚整理平直。接插时要轻轻用力，确保插脚与插座良好接触。实验结束时，应轻轻拔下元器件和连接导线，避免用力过猛。同时，注意插脚和连接导线的线径应适中，一般线径约为0.5mm，剥线头长度控制在8～10mm。

(3) 布线顺序建议先布电源线与地线，然后按照布线图从输入到输出依次连接各元器件和连接线。在条件允许的情况下，应尽量缩短连接线长度、减少连接点数量，同时考虑测量的便捷性。

(4) 在接通电源之前，务必仔细检查所有连接线。特别是要检查各电源连接线和公共地线是否正确连接。建议以集成电路或晶体管的引脚为出发点，逐一检查与之相连的元器件和连接线，确保无误后再接通电源。

1.3.3 正确的接线规则

正确的接线规则如下。

(1) 为确保实验过程中的清晰度和安全性，仪器与实验板之间的连接线应使用不同颜色进行明确区分。例如，电源线（正极）建议使用红色，而公共地线（负极）则建议使用黑色。这种颜色编码不仅便于快速检查，还能够提高操作效率。同时，所有连接线头必须确保拧紧或夹牢，以防止因其接触不良或脱落而引发的短路风险。

(2) 所有仪表的接地端应通过电路中的公共接地端，彼此紧密相连。这不仅能够为电路提供一个稳定的参考零点（零电位点），还能够有效避免潜在的干扰。在某些特定应用场景中，为了保障人身安全和设备稳定，还需要将部分仪器的外壳直接与大地相连。这种接地措施不仅能够防止外壳带电，还能够提供出色的屏蔽效果。

(3) 信号的传输必须使用具有金属外壳的屏蔽线，以确保信号的完整性和稳定性。普通导线因其缺乏屏蔽效果而不适用于此目的。另外，屏蔽线的外壳应选择单点接地，以避免引入不必要的干扰，从而确保测量结果的准确性和波形的正常显示。

1.4 注意人身和仪器设备的安全

1.4.1 注意安全操作规程，确保人身安全

在调换仪器或进行元器件更换、线路改接时，必须严格遵守先切断实验台和实验电路板电源的操作规程。这一措施不仅关乎个人安全，也是避免仪器设备损坏的关键步骤。

所有仪器设备的外壳应妥善接地，以防止外壳带电。这一做法能够有效减少触电风险，从而进一步确保操作人员的人身安全。

在进行设备调试时，建议操作人员养成单手操作的习惯，并确保人体与大地之间保持良好的绝缘。这些措施能够降低静电干扰和潜在的安全风险，确保调试过程的顺利进行。

1.4.2 爱护仪器设备，确保实验仪器和设备的安全

（1）在使用仪器时，应避免频繁开关电源，因为多次开关可能导致电源冲击，从而缩短仪器的使用寿命。例如，在实验间隙，即使暂时不使用示波器，也不必关闭其电源。

（2）切勿随意操作仪器面板上的开关和旋钮，这可能导致旋钮松动，影响测量精度和缩短仪器寿命。实验结束后，通常只需要关闭仪器电源和实验台电源，无须拔掉仪器电源线。

（3）为确保仪器设备的安全，实验室配电柜、实验台、电子实验箱及各仪器中均装有熔断器，规格有 0.5A、1A、2A、3A、5A 等。务必按规定的容量更换熔断器，禁止以大代小，以确保电路安全。

（4）在使用仪表时，务必注意其安全工作范围，确保电压或电流不超过最大允许值。当无法估计被测量值的大小时，应从仪表的最大量程开始测试，并逐步减小量程，以保护仪表和获取准确的测量结果。

第2章

模拟电路实验

实验一　常用电子仪器的使用

一、实验目的

（1）熟悉模拟电路实验箱及其操作方法。

（2）学习并掌握电子电路实验中常用电子仪器——数字双踪示波器、交流毫伏表、函数信号发生器、数字万用表等电子仪器的正确使用方法。

（3）掌握 Multisim 仿真软件的原理图输入方法及仿真测试方法(线上)。

二、实验设备与器件

（1）函数信号发生器。

（2）数字双踪示波器。

（3）交流毫伏表。

（4）数字万用表。

（5）模拟电路实验箱及电阻若干。

（6）安装 Multisim 仿真软件的计算机。

三、实验原理

在模拟电子电路实验中，经常使用的电子仪器有示波器、函数信号发生器、数字万用表、交流毫伏表等。和 Multisim 仿真软件一起，正确使用这些电子仪器，可以完成对模拟电子电路的静态和动态工作情况的测试。

实验中要对各种电子仪器进行综合使用，可按照信号流向，以接线简洁、调节顺手、观察与读数方便等原则进行合理布局，各常用电子仪器与被测实验室装置之间的接线布局如图 2.1 所示。接线时应注意，为防止外界干扰，各仪器的接地端(GND)应连接在一起，称共地。不同于一般电工测量，电子电路因工作频率高和电路阻抗大，功率相对较低。为减少干扰信号，多数电子仪器采用单端输入、单端输出的方式。电子仪器的两个测量端中，总有一个与电子仪器外壳和电缆外屏蔽线相连，通常这个端点用符号⊥表示。将所有⊥端点连接在一起，能够有效防止潜在干扰，减少测量误差。信号源和交流毫伏表的引线通常使用屏蔽线或专用电缆线，示波器接线使用专用电缆线（探极或探针），直流稳压电源的接线使用普通导线。

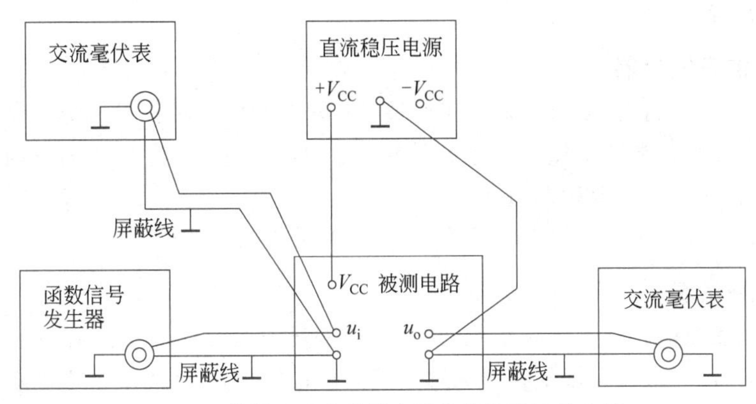

图 2.1　模拟电路中常用电子仪器仪表接线布局

1. 示波器

示波器是一种用途广泛的电子测量仪器，它既能够直接显示电信号的波形，又能够对电信号进行各种参数的测量。使用数字双踪示波器，在自动模式下可以方便快捷地进行测量。本书第 4 章中对 Multisim 仿真中数字双踪示波器的原理和使用作了较详细的说明，现着重补充以下几点。

1）寻找扫描光迹点

在开机 30s 后，如果仍然找不到光点，可以调节亮度旋钮，并按下“寻迹”按钮，从中判断光点位置，然后适当调节垂直（↑ ↓）和水平（←→）移位旋钮，将光点移至荧光屏的中心位置。

2）显示稳定的波形

为显示稳定的波形，需要注意示波器面板上的下列几个控制开关（或旋钮）的位置。

（1）“扫描速率”开关（t/div）。它的位置应根据被观察信号的周期来确定。

（2）“触发源选择”开关（内、外）。通常选为内触发。

（3）“内触发源选择”开关（拉 YB）。通常置于常态（推进位置），此时对单一从 YA 或 YB 输入的信号均能同步。仅在作双路同时显示时，为比较两个波形的相对位置，才将其置于拉出（拉 YB）位置，此时触发信号仅取决于 YB，故仅对由 YB 输入的信号同步。

（4）“触发方式”开关。通常可先置于自动（AUTO）位置，以便找到扫描线或波形，如果波形稳定情况较差，再置于“高频”或“常态”位置，但必须同时调节触发电平旋钮，使波形稳定。

3）示波器的 5 种显示方式

示波器的显示方式有 5 种，属于单踪显示的有 YA、YB、YA＋YB，属于双踪显示的有“交替”与“断续”。作双踪显示时，通常采用“交替”显示方式，仅当被观察信号频率很低时

(如几十赫兹以下),为在一次扫描过程中同时显示两个波形,才采用“断续”显示方式。

4) 波形幅值与周期的测量

在测量波形幅值时,应将 Y 轴灵敏度“微调”旋钮置于“校准”位置(顺时针旋到底)。在测量波形周期时,应将扫描速率“微调”旋钮置于“校准”位置(顺时针旋到底),将扫描速率“扩展”旋钮置于“推进”位置。

2. 函数信号发生器

函数信号发生器按需要可以输出正弦波、方波、三角波三种信号波形。输出信号电压幅值可以由输出幅值调节旋钮进行连续调节。输出信号电压频率可以通过频率分挡开关进行调节,并由频率计读取频率值。

注意:*函数信号发生器作为信号源,它的输出端不允许短路。*

3. 交流毫伏表

交流毫伏表只能在其工作频率范围内,用来测量正弦交流电压的有效值。为了防止过载损坏,测量前一般首先把量程开关置于较大位置处,然后在测量中逐挡减小量程。

接通电源后,首先将交流毫伏表输入端短接,进行调零,然后断开短路连接线,即可进行测量。

4. 使用电子仪器测量时的注意事项

(1) 正确选用电子测量仪器。每种电子仪器都具备独特的技术特性,因此,要获得准确的测量结果,必须在其技术性能允许的范围内使用。选择电子仪器时,应充分考虑其技术规格,如信号频率范围、适用的频带宽度、最大输出电压或功率、允许的输入信号最大幅度,以及输入、输出阻抗等。确保所选电子仪器与测试需求相匹配,是获取精准数据的先决条件。

(2) 合理选定电子仪器的功能和量程。在对电路进行测量前,必须仔细调整电子仪器面板上的控制旋钮,以选择正确的功能和量程。通常在选择量程时,建议首先将控制旋钮置于较高挡位,然后根据指针的偏转角度逐步调整至合适挡位。最佳情况是指针的偏转角度在满刻度的 2/3 以上,以确保测量的准确性。对于采用数码显示的电子仪器,应在电子测试仪器接入电路后等待至少 5s,待数码显示稳定不再闪烁时,再读取测量值。测试过程中,应避免在表笔与电路连接时更改功能选择开关,因为这样做可能导致测试结果失真,与错用功能挡位的效果相同。

(3) 严格遵守操作规程。在使用电子仪器时,务必深入理解各控制旋钮的变动是如何影响被测电路的。正确操作是确保获得精准数据并防止电子仪器或元器件受损的关键。以晶体管直流稳压电源为例,通常应先设定所需的输出电压,然后关闭电源。待确认电路中的所有元器件及线路准确无误后,再连接直流电源并启动。在使用晶体管特性图示仪或信号发生器时,调整“峰值电压范围”或“输出衰减”之前,务必先将与其配合的幅度微调旋钮归零,以防电压骤增而损坏电路或元器件。

(4) 所有电子测量仪器及实验电路均应共地。在电子电路实验中,各电子仪器及实验电路的共地至关重要。这意味着它们的接地端需要按输入、输出的顺序稳固地连接。

四、实验内容

1. 线下实验方式

1）测量示波器内的校准信号

用示波器自带的校准信号（方波 $f=1\text{kHz}$，精确度 $\pm 2\%$，电压幅度 $(1\pm 3\%)\text{V}$）对示波器进行自检。

(1) 调出“校准信号”波形。

将示波器校准信号输出端通过专用电缆线与 YA（或 YB）输入插口接通，调节示波器各有关旋钮，将触发方式开关置自动（AUTO）位置，触发源选择开关置“内”，内触发源选择开关置“常态”，针对校准信号的频率和幅度值正确选择扫描速率 t/div 及 Y 轴灵敏度开关（V/div）位置，同时调节触发器电平旋钮，则在示波器的荧光屏上可以显示一个或数个周期的方波。

分别将触发方式开关置自动（AUTO）、常态（NORM）和高频（SINGLE），同时调节触发电平旋钮，调出稳定波形，体会三种触发方式的操作特点。

(2) 校准“校准信号”幅度。

将 Y 轴灵敏度微调旋钮置“校准”位置，再把 Y 轴灵敏度开关置于适当位置，读取校准信号幅度值，记录在表 2.1 中。

表 2.1 校准信号测试表

测试项目	标准值	实测值
幅度/V	1	
频率/kHz	1	
上升时间/μs	≤2	
下降时间/μs	≤2	

(3) 校准“校准信号”频率。

将扫描速率微调旋钮置于“校准”位置，再把扫描速率开关置于适当的位置，读取校准信号频率值，记录在表 2.1 中。

(4) 测量“校准信号”的上升时间和下降时间。

调节 Y 轴灵敏度开关位置及微调旋钮，并移动波形，使方波波形在垂直方向上正好占据中心轴，且上下对称，便于阅读。通过扫描速率开关逐级提高扫描速率，使波形在 X 轴方向扩展（必要时可以利用“扫速扩展”开关将波形再扩展 10 倍），并同时调节触发电平旋钮，从荧光屏上清楚地读出上升时间和下降时间，记录在表 2.1 中。

2）用示波器和交流毫伏表测量信号参数

用函数信号发生器输出频率分别为 100Hz、1kHz、10kHz、100kHz，峰-峰值均为 1V 的正弦波信号。改变示波器扫描速率旋钮及 Y 轴灵敏度开关位置，测量信号源输出信号的频率、峰-峰值及有效值，记录在表 2.2 中。

特别说明：有效值可以用交流毫伏表测量，也可以用数字万用表的交流电压挡测量。

3）测量两波形间的相位关系

（1）观察双踪示波器显示波形。

将 CH1 和 CH2 按钮同时按下，YA、YB 均不加输入信号，首先分别将扫描速率旋钮置于低挡位（如 0.5s/div）和较高挡位（如 5μs/div），然后把“显示方式”开关分别置于“交替”和“断续”位置，观察并比较两条扫描线的显示特点，将测量得到的信号参数值记录在表 2.2 中。

表 2.2　测量信号参数表

信号频率	示波器测量值		交流毫伏表测量值（有效值）/mV	示波器测量值（峰-峰值）/V
	周期/ms	频率/Hz		
100Hz				
1kHz				
10kHz				
100kHz				

（2）用双踪示波器测量两波形间的相位关系。

① 按照图 2.2 连接电路，将函数信号发生器的输出信号调至频率为 1kHz、幅值为 2V 的正弦波，经图 2.2 中的 RC 相移网络获得频率相同但相位不同的两路信号 u_i 和 u_R，分别加载到双踪示波器的 YA 和 YB 输入端。

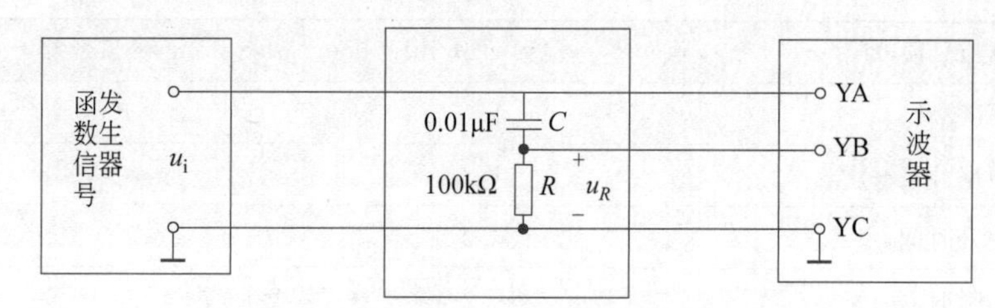

图 2.2　两波形间的相位差测量电路

② 把显示方式开关置于“交替”挡位，将 YA 和 YB 输入耦合方式开关置于 DC 挡位，调节 YA 和 YB 的垂直移位旋钮，使两条扫描基线重合，再将 YA 和 YB 输入耦合方式开关置于 AC 挡位，调节扫描速率开关及 YA、YB 灵敏度开关位置，同时将内触发源选择（拉 YB）开关拉出，此时荧屏上将显示出 u_i 和 u_R 两个相位不同的正弦波形，如图 2.3 所示。

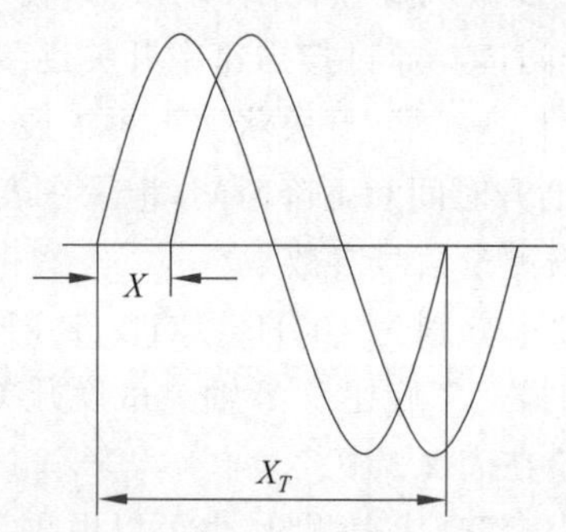

图 2.3　双踪示波器显示的两个相位不同的正弦波

此时,两波形的相位差为

$$Q(\text{div}) = \frac{X(\text{div})}{X_T(\text{div})} \times 360^\circ \qquad (2\text{-}1)$$

式中:X_T 为一个周期所占刻度的格数(div);X 为两波形在 X 轴方向相距的格数(div)。

将两波形的相位差记录在表 2.3 中。

表 2.3 两波形的相位关系测量表

一个周期所占刻度的格数	两波形在 X 轴方向相距的格数	相位差	
		实测值	计算值
$X_T=$	$X=$	$Q=$	$Q=$

表 2.3 中,两波形相位差的计算值参考公式为

$$u_R = \frac{R}{R + [1/(\text{j}\omega C)]} \times u_\text{i} \qquad (2\text{-}2)$$

将电阻、电容和信号频率值代入式(2-2)后即可求得 u_i 和 u_R 的相位差。

为读数和计算方便,可以适当调节微调旋钮,使波形的一个周期占整数格。

2. 线上实验方式

(1) 利用示波器和交流毫伏表测量信号参数的 Multisim 仿真电路如图 2.4 所示。按照线下实验方式 2)进行仿真测试,并进行记录。

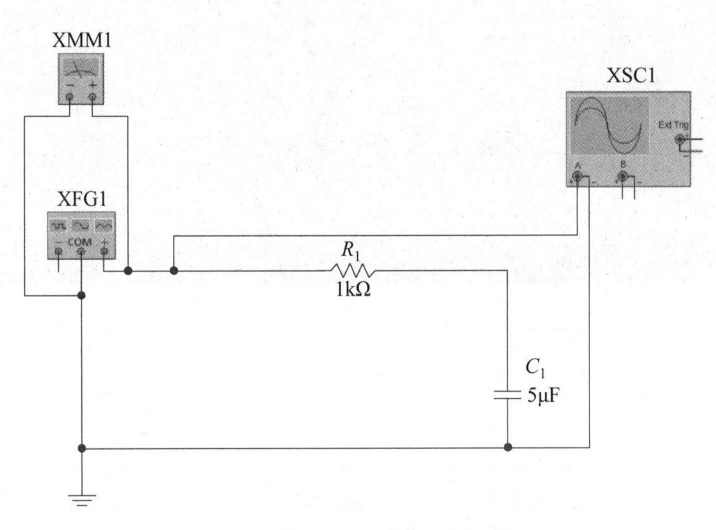

图 2.4 利用示波器和交流毫伏表测量信号参数的 Multisim 仿真电路

图 2.4 中的 Multisim 仿真电路在构建及仿真过程中需要注意以下几点。

① Multisim 虚拟仪表中没有专门的交流毫伏表,可以使用万用表(XMM1)进行仿真实验。使用时只需要将万用表的被测信号选择区选为交流挡即可。

② 图 2.4 中的实验将信号发生器(XFG1)所产生的正弦信号频率设置为 100Hz,将

峰-峰值设置为 1V 进行仿真。信号发生器的设置如图 2.5 所示。

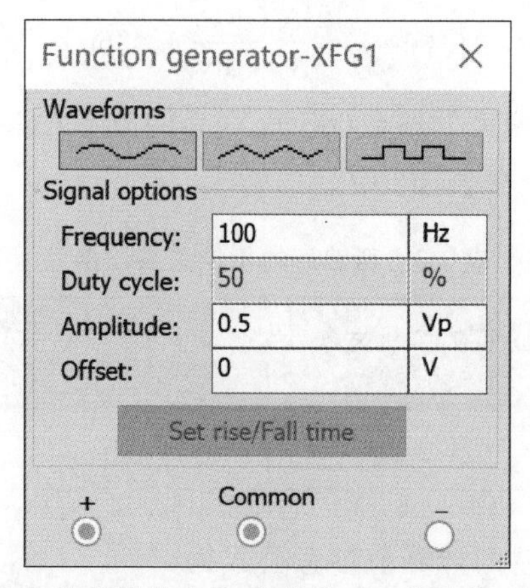

图 2.5　利用信号发生器产生峰-峰值为 1V、频率为 100Hz 的正弦波

示波器和万用表的仿真结果如图 2.6 和图 2.7 所示。

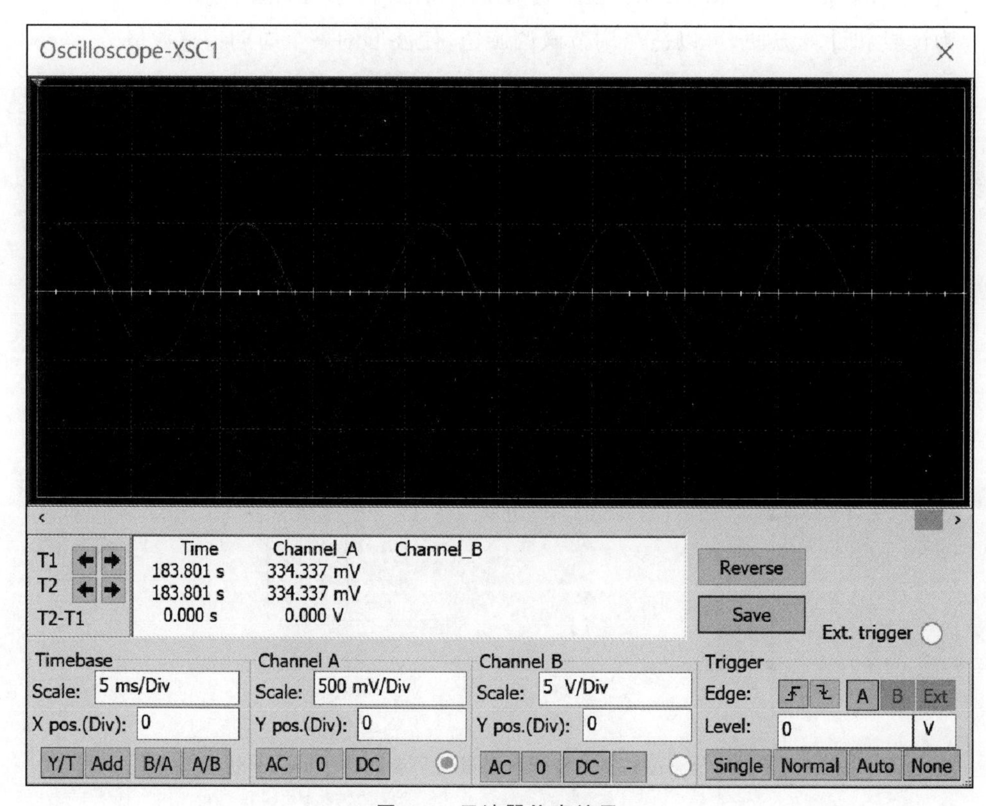

图 2.6　示波器仿真结果

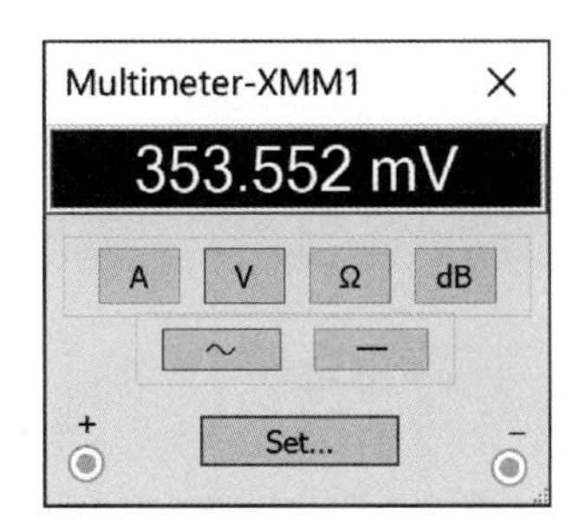

图 2.7 万用表仿真结果

(2) 其他电路测试方法按照线下实验内容进行仿真，过程类似，这里不再赘述。

五、实验预习要求

(1) 阅读第 4 章中有关示波器操作部分的内容。

(2) 已知 $C=0.01\mu F$、$R=10k\Omega$，计算图 2.2 中 RC 相移网络的阻抗角 θ。

(3) 熟悉 Multisim 软件的原理图输入方法及电路编译、仿真方法。

六、实验报告

按照实验目的、实验原理、实验设备、实验内容、实验数据、实验总结撰写实验报告，具体要求如下。

(1) 整理实验数据并进行分析。

(2) 总结示波器“高频”“常态”“自动”三种触发方式的操作特点及适用场合。

七、问题思考与练习

(1) 示波器采用“高频”“常态”“自动”三种触发方式时有什么区别？

(2) 在用双踪示波器显示波形并要求比较相位时，为在荧光屏上得到稳定的波形，应怎样选择下列开关的位置？

① 显示方式选择(CH1、CH2、CH1+CH2、“交替”、“断续”)

② 触发方式(“高频”“常态”“自动”)

③ 触发源选择(内、外)

④ 内触发源选择(常态、拉 YB)

(3) 交流毫伏表是用来测量正弦波电压还是非正弦波电压的？它的表头指示值是被测信号电压的什么值？它是否可以用来测量直流电压的大小？

(4) 函数信号发生器的输出端能否短接？若用屏蔽线作为输出引线，则屏蔽线一端应该接在哪个接线柱上？

(5) 示波器探极上的×1、×10 有什么含义？

实验二　晶体管共射极单管放大器

一、实验目的

（1）学会晶体管共射极单管放大器电路静态工作点的调试方法，分析静态工作点对放大电路性能的影响。

（2）掌握放大器电路电压放大倍数、输入电阻、输出电阻及最大不失真输出电压的测试方法。

（3）掌握 Multisim 软件仿真晶体管共射极单管放大器的方法（线上）。

二、实验设备与器件

（1）函数信号发生器。

（2）双踪示波器。

（3）交流毫伏表。

（4）数字万用表。

（5）模拟电路实验箱及电阻、电容若干。

（6）安装 Multisim 软件的计算机。

三、实验原理

基极分压式射极偏置单管放大器实验电路的原理图如图 2.8 所示。该电路的偏置电路采用 R_{B1} 和 R_{B2} 组成的分压电路，并在发射极中接射极负载电阻 R_E（由 R_{E1} 和 R_{E2} 组成），以稳定放大器的静态工作点及提高输入电阻。当在放大器的输入端加入信号 u_i 或

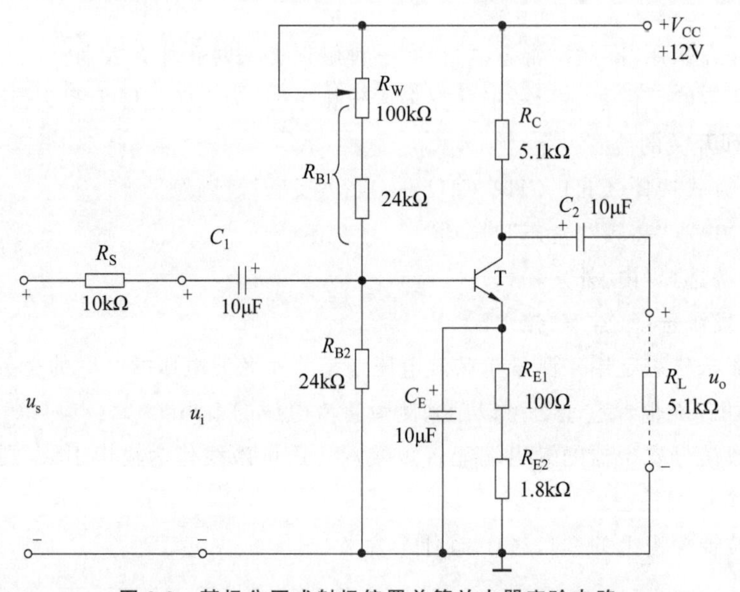

图 2.8　基极分压式射极偏置单管放大器实验电路

者u_s后，在放大器的输出端便可以得到一个与输入信号相位相反、幅值被放大了的输出信号u_o，从而实现了电压放大。

1. 放大器电路静态分析和动态分析

1）静态工作点的估算

在图2.8中，当流过偏置电阻R_{B1}和R_{B2}的电流远大于晶体管T的基极电流I_B时（一般前者为后者的5～10倍），则它的静态工作点可用式(2-3)估算

$$\left.\begin{aligned} U_{BQ} &\approx \frac{R_{B2}}{R_{B1}+R_{B2}} \times V_{CC} \\ I_{EQ} &= \frac{U_{BQ}-U_{BEQ}}{R_E} \approx I_{CQ} \\ I_{BQ} &\approx \frac{I_{CQ}}{\beta} \\ U_{CEQ} &= V_{CC} - I_{CQ} \cdot (R_C + R_E) \end{aligned}\right\} \tag{2-3}$$

2）电压放大倍数的估算

动态时的电压放大倍数可根据微变等效电路估算。

$$\dot{A}_u = \frac{\dot{U}_o}{\dot{U}_i} = -\beta \times \frac{R_C//R_L}{r_{be}+(1+\beta)R_{E2}} \tag{2-4}$$

3）输入电阻、输出电阻的估算

$$\left.\begin{aligned} R_i &= R_{B1}//R_{B2}//(r_{be}+(1+\beta)R_{E2}) \\ R_o &\approx R_C \end{aligned}\right\} \tag{2-5}$$

4）发射极电阻对电压放大倍数及输入电阻的影响

在图2.8中，若$R_{E2}=0$，则

$$\left.\begin{aligned} \dot{A}_u &= -\beta \times \frac{R_C//R_L}{r_{be}} \\ R_i &= R_{B1}//R_{B2}//r_{be} \approx r_{be} \end{aligned}\right\} \tag{2-6}$$

可见，短接R_{E2}会增大电压放大倍数，但同时减小了输入电阻，因而为了提高输入电阻同时又不使放大倍数下降太多，R_{E2}通常取值很小。

2. 放大器电路的测量与调试

由于电子器件性能的分散性比较大，因此在设计和制作晶体管放大器电路时，离不开测量和调试技术。在设计前应测量所用元器件的参数，为电路设计提供必要的依据，在完成设计和装配以后，还必须测量和调试放大器的静态工作点和各项性能指标。一个优质的放大器，必定是理论设计与实验调整相结合的产物。因此，除了学习放大器电路的理论知识和设计方法外，还必须掌握必要的测量和调试技术。

放大电路的测量和调试一般包括放大器静态工作点的测量与调试、动态参数测量与调试及消除干扰与自激振荡等。

1）放大器静态工作点的测量

测量放大器的静态工作点，应在输入信号$u_i(u_s)=0$的情况下进行，即首先将放大器

输入端与地短接，然后选用量程合适的万用表，分别测量晶体管的集电极电流 I_C 及各电极对地的点位 U_{BQ}、U_{CQ}、U_{EQ}。一般实验中，为了避免断开集电极，采用测量电压后算出 I_C 的方法。例如，只要测出 U_E，即可用 $I_C \approx I_E = U_E/R_E$ 算出 I_C（也可以根据 $I_C = (V_{CC} - U_C)/R_C$，由 R_C 确定 I_C），同时也能够算出 $U_{BE} = U_B - U_E$，$U_{CE} = U_C - U_E$。为了减小误差，提高测量精度，应选用内阻较高的直流电压表，如数字万用表。

2）放大器静态工作点的调试

放大器静态工作点的调试是指对晶体管集电极电流 I_C（或 U_{CE}）的调整与测试。

静态工作点是否合适，对放大器的性能和输出波形都有很大的影响。以 PNP 型三极管为例，如果静态工作点偏高，放大器在加入交流信号后易产生饱和失真，此时 u_o 的负半周将被削底，如图 2.9(a)所示。如果静态工作点偏低，则易产生截止失真，即 u_o 的正半周被缩顶（一般截止失真不如饱和失真明显），如图 2.9(b)所示。这些情况都不符合不失真放大的要求。所以在选定工作点后还必须进行动态调试，即在放大器的输入端加入一定的输入电压 u_i，检查输出电压 u_o 的大小和波形是否满足要求。如果不满足，则应调节其静态工作点的位置。

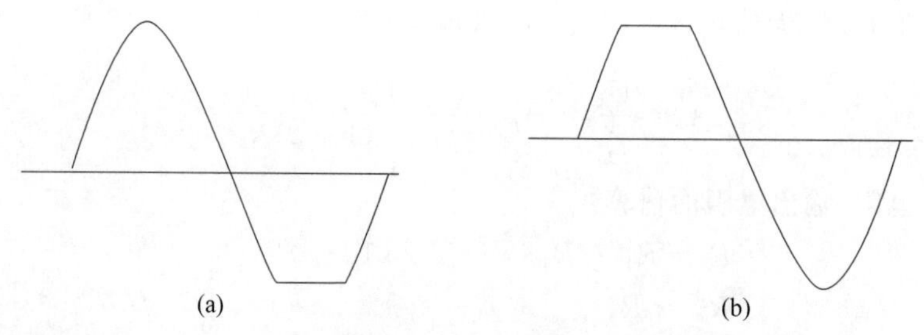

图 2.9　放大器静态工作点对输出波形的影响

(a)饱和失真；(b)截止失真

改变电路参数 V_{CC}、R_C、R_B（由 R_{B1} 和 R_{B2} 组成）都会引起放大器静态工作点的变化，如图 2.10 所示。但通常采用调节上偏置电阻 R_{B1} 的方法改变放大器的静态工作点，如减小 R_{B1} 可以使放大器静态工作点提高等。

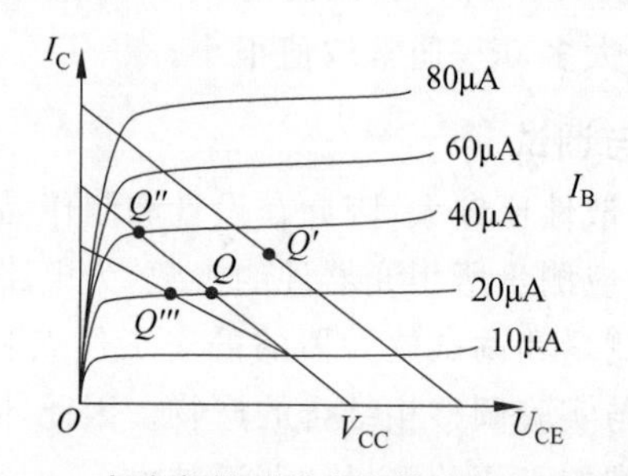

图 2.10　电路参数对放大器静态工作点的影响

最后还要说明的是，上面所说的静态工作点“偏高”或者“偏低”不是绝对的，应该是相对于信号的幅度而言的，如果输入信号的幅度很小，即使静态工作点较高或较低也不一定会出现失真。产生波形失真其实是信号幅度与静态工作点设置配合不当所致。如果需要满足较大幅度信号的要求，则静态工作点最好尽量靠近交流负载线的中点。

3. 放大电路动态指标测试

在选定静态工作点后还必须进行动态调试，即在放大器电路的输入端加入一定频率的输入电压 u_i 或者 u_s，检查输出电压 u_o 的大小和波形是否满足要求。

放大器动态指标包括电压放大倍数、输入电阻、输出电阻、最大不失真输出电压(动态范围)和通频带等。

1) 电压放大倍数 A_u 的测量

实验中，首先调整 R_W 使放大器工作在合适的静态工作点，然后加入输入电压 u_i 或者 u_s，在输出电压 u_o 不失真的情况下，用交流毫伏表或万用表交流电压挡测出 u_i 和 u_o 的有效值 U_i 和 U_o，则

$$A_u = \frac{U_i}{U_o} \tag{2-7}$$

2) 输入电阻 R_i 的测量

为了测量放大器的输入电阻，按照图 2.11 所示的电路在被测放大器的输入端与信号源之间串入一个已知电阻 R_S，在放大器正常工作的情况下，用交流毫伏表测出 u_s 和 u_i 的有效值 U_s 和 U_i，则根据输入电阻的定义可得

$$R_i = \frac{U_i}{I_i} = \frac{U_i}{u_R/R_S} = \frac{U_i}{U_s - U_i} \times R_S \tag{2-8}$$

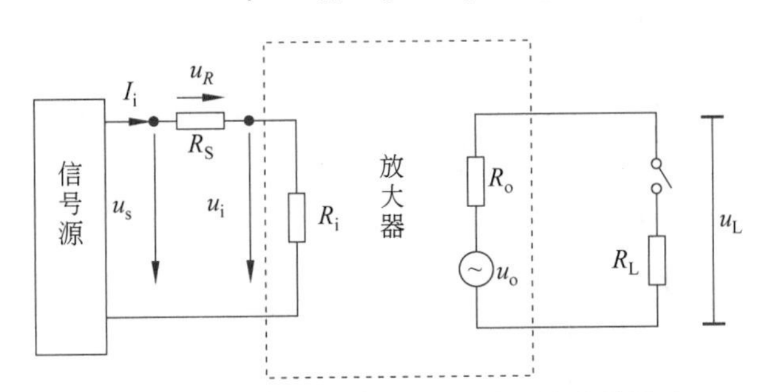

图 2.11　电路参数对放大器静态工作点的影响

测量时应注意以下内容。

(1) 由于电阻 R_S 两端没有电路公共接地点，因此，测量 R_S 两端电压 u_R 时必须首先分别测出 u_s 和 u_i，然后按 $u_R = u_s - u_i$ 求出 u_R 的值。

(2) 电阻 R_S 的值不宜取过大或过小，以免产生较大的测量误差，通常取 R_S 与 R_i 为同一数量级，本实验可取 R_S 为 5～10kΩ。

3) 输出电阻 R_o 的测量

按图 2.11 所示电路，在放大器正常工作条件下，测出输出端不接负载 R_L 的输出电压 u_o 和接入负载后的输出电压 u_L，根据式(2-9)

$$u_L = \frac{R_L}{R_o + R_L} \times u_o \tag{2-9}$$

可求出输出电阻 R_o。

$$R_o=\left(\frac{u_o}{u_L}-1\right)\times R_L \tag{2-10}$$

在测试中应注意，必须保持 R_L 接入前后输入信号的幅度大小不变。

4）最大不失真电压 U_{opp} 的测量(最大动态范围)

最大不失真电压反映了放大器电路的最大动态范围。为了得到放大器电路的最大动态范围，应将放大器静态工作点调在交流负载线的中点。为此，在放大器正常工作情况下，首先逐步增大输入信号的幅度，并同时调节分压电阻 R_W(改变静态工作点)，用示波器观察 u_o，当输出波形同时出现削底和缩顶现象(见图 2.9)时，说明静态工作点已调在交流负载线的中点。然后反复调整输入信号 u_i，在波形输出幅度最大且无明显失真时，用交流毫伏表测出 U_o(有效值)，用示波器直接读出此时的峰-峰值 U_{opp}(最大动态范围)，则

$$U_{opp}=2\sqrt{2}U_o \tag{2-11}$$

5）放大器频率特性的测量

放大器的频率特性是指放大器的电压放大倍数 A_u 与输入信号频率 f 之间的关系曲线。单管阻容耦合放大电路的幅频特性曲线如图 2.12 所示，A_{um} 为中频电压放大倍数。通常规定电压放大倍数随频率变化下降到中频放大倍数的 $1/\sqrt{2}$ 时，即 $0.707A_{um}$ 所对应的最小频率和最大频率分别称为下限频率 f_L 和上限频率 f_H，则通频带 $B_W=f_H-f_L$。

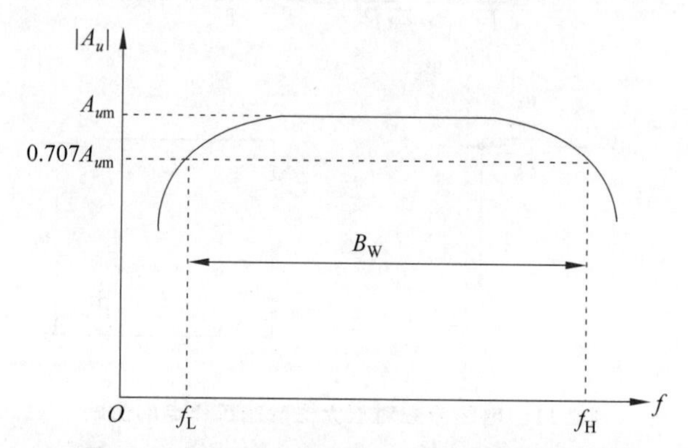

图 2.12　单管阻容耦合放大电路幅频特性曲线

放大器的幅频特性就是测量不同频率信号时的电压放大倍数 A_u。因此，可采用前述测量 A_u 的方法，每改变一个信号频率，就测量其相应的电压放大倍数，测量时应注意取点要恰当，在低频段与高频段应多测几个点，在中频段可以少测几个点。此外，在改变频率时，要保持输入信号的幅度不变，且输出波形不得失真。

四、实验内容

1. 线下实验方式

实验电路如图 2.8 所示。各电子仪器可以按照实验一中图 2.1 所示的方式连接，为防止干扰，各仪器的接地端必须连在一起，同时信号源、交流毫伏表和示波器的引线应采用专用电缆线或示波器探头，如果使用屏蔽线，则屏蔽线应接在公共接地端上。

1）测量静态工作点

接通电源前，首先将电位器 R_W 调至最大，使输入端与地线短接。再接通＋12V 电源，调节 R_W，使发射极电位 $U_E=2V$，用直流电压表测量三极管的基极电位和集电极电位 U_B 和 U_C。然后断开电源，使 R_{B1} 开路，用万用表测量 R_{B1} 的值。最后将测量结果记录在表 2.4 中。

表 2.4　静态工作点的测量与计算

测　量　值				计　算　值		
U_B/V	U_E/V	U_C/V	R_{B1}/kΩ	U_{BE}/V	U_{CE}/V	I_C/mA

注：计算值对应的计算公式为 $U_{BE}=U_B-U_E$，$U_{CE}=U_C-U_E$，$I_C=(V_{CC}-U_C)/R_C$。

2）测量电压放大倍数 A_u

调节信号发生器的输出旋钮将 U_{opp} 为 20mV、频率为 1kHz 的正弦信号 u_i（u_i＝20mV/1kHz）加在放大器输入端，同时用示波器观察放大器输出电压 u_o 的波形，在波形不失真的条件下，用交流毫伏表测量下列三种情况下 u_o 的有效值 U_o，并用双踪示波器观察 u_i 和 u_o 的相位关系，记录在表 2.5 中（U_{opp} 为峰-峰值，有效值可用万用表的交流电压挡直接测量）。

表 2.5　电压放大倍数的测量

R_C/kΩ	R_L/kΩ	U_o/V	A_u	记录一组 u_i 和 u_o 的波形
5.1	5.1			
5.1	∞（开路）			
2.4	∞（开路）			

3）观察静态工作点对电压放大倍数的影响

置 $R_C=5.1k\Omega$，$R_L=\infty$（即负载开路），u_i 取适当值，调节 R_W，用示波器监视输出电压的波形，在 u_o 不失真的条件下，测量数组 U_E 和 U_o 的值，记录在表 2.6 中。测量 U_E 时，要先断开信号源，并将放大器输入端与地线短接（使 $u_i=0$）。

表 2.6　静态工作点对电压放大倍数的影响

U_E/V	1.0	1.5	2.0	2.5	3.0
U_o/V					
A_u					

4）观察静态工作点对输出波形的影响

置 $R_C-5.1k\Omega$，$R_L-\infty$，u_i-0，调节 R_W 使得 $U_E=2V$，测出 U_{CE} 的值，再逐步加大输入信号，使输出电压 u_o 波形足够大但不失真（用示波器观察）。然后保持输入信号不变，分别增大和减小 R_W，使波形出现饱和失真和截止失真，绘出 u_o 的波形，并测出失真情况

下的 U_E 和 U_{CE} 值，记录在表 2.7 中。每次测 U_E 和 U_{CE} 时都要先将信号源断开，并将放大器输入端与地线短接。

表 2.7 静态工作点对输出波形的影响

U_E/V	U_{CE}/V	u_o 波形	失真情况	三极管工作区域
2.0				

5）测量最大不失真输入、输出电压

置 $R_C=5.1\text{k}\Omega$，$R_L=5.1\text{k}\Omega$，按照本部分实验内 4）中所述方法，同时调节输入信号的幅度和电位器 R_W，用示波器测量 U_{opp}，用交流毫伏表测量 U_{om}（最大不失真输出电压）和 U_{im}（最大不失真输入电压），记录在表 2.8 中。

表 2.8 最大不失真输出时的测量结果

U_E/V	U_{im}/V	U_{om}/V	U_{opp}/V

6）测量输入电阻和输出电阻（选做）

置 $R_C=5.1\text{k}\Omega$，$R_L=5.1\text{k}\Omega$，$U_E=2.0\text{V}$，输入 $f=1\text{kHz}$ 的正弦信号，在输出电压 u_o 不失真的情况下，用交流毫伏表测出 u_s、u_i 和 u_L 的有效值 U_s、U_i 和 U_L，记录在表 2.9 中。

表 2.9 输入和输出电阻测量结果

U_s/mV	U_i/mV	R_i/kΩ		U_L/V	U_o/V	R_o/kΩ	
		测量值	计算值			测量值	计算值

注：计算值对应的计算公式为 $R_i=\dfrac{U_i}{U_s-U_i}\cdot R_S$。

7）测量幅频特性曲线（选做）

置 $R_C=5.1\text{k}\Omega$，$R_L=5.1\text{k}\Omega$，$U_E=2.0\text{V}$。保持输入信号 u_i 或 u_s 的幅度不变，改变信号源频率 f，逐点测出相应的输出电压 u_o 的有效值 U_o，记录在表 2.10 中。

表 2.10 幅频特性测量结果

f/kHz	f_0	f_L	f_H
U_o/V			
$A_u=U_o/U_i$			

注：其中 f_0 应为放大器工作的中心频率$\left(\dfrac{f_L+f_H}{2}\right)$；$A_u=U_o/U_i$。

为了使频率 f 取值合适，可以先粗测一下，找出中频范围，再仔细读数。

2. 线上实验方式

(1) 调整并测试静态工作点。如图 2.13 所示为共射放大器的 Multisim 仿真电路，按照线下实验方式 1)进行测试并记录仿真结果。

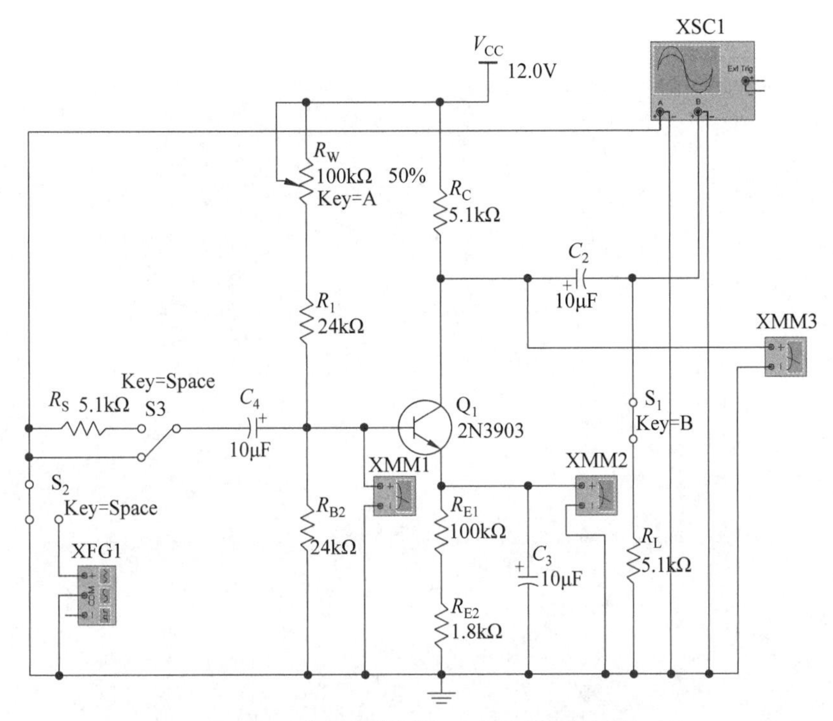

图 2.13 共射放大器的 Multisim 仿真电路

图 2.13 中 Multisim 仿真电路在构建及仿真过程中需要注意以下几点。

① 单刀双掷开关 S_2 控制是否有外部输入信号 u_i。当 S_2 拨向左边时，输入端与地短接。此时调节滑动变阻器 R_W，使得 $U_E=2V$，即万用表 XMM2 的读数，如图 2.14 所示，R_W 大约调节至 50%的位置，XMM2 的读数为 2.003V(在误差允许范围内)，此时 U_B 和 U_C 的值即 XMM1 和 XMM3 的读数。

图 2.14 XMM1～XMM3 万用表的读数

② 当 S_2 拨向右边时，接入信号源 u_s。使 $f=1kHz$，u_s 由小增大，同时利用示波器观

察输出波形是否正负方向同时出现失真,若不是,则调整 R_w,当输出波形正负方向同时出现对称的失真时,减小 u_s 使波形正好不失真,说明此时放大器的动态范围最大,记下此时的最大不失真电压 U_{opp},大约为 20mV。双踪示波器波形显示仿真结果如图 2.15 所示,其中红色为输入信号波形图,绿色为输出信号波形图,约放大−85 倍。

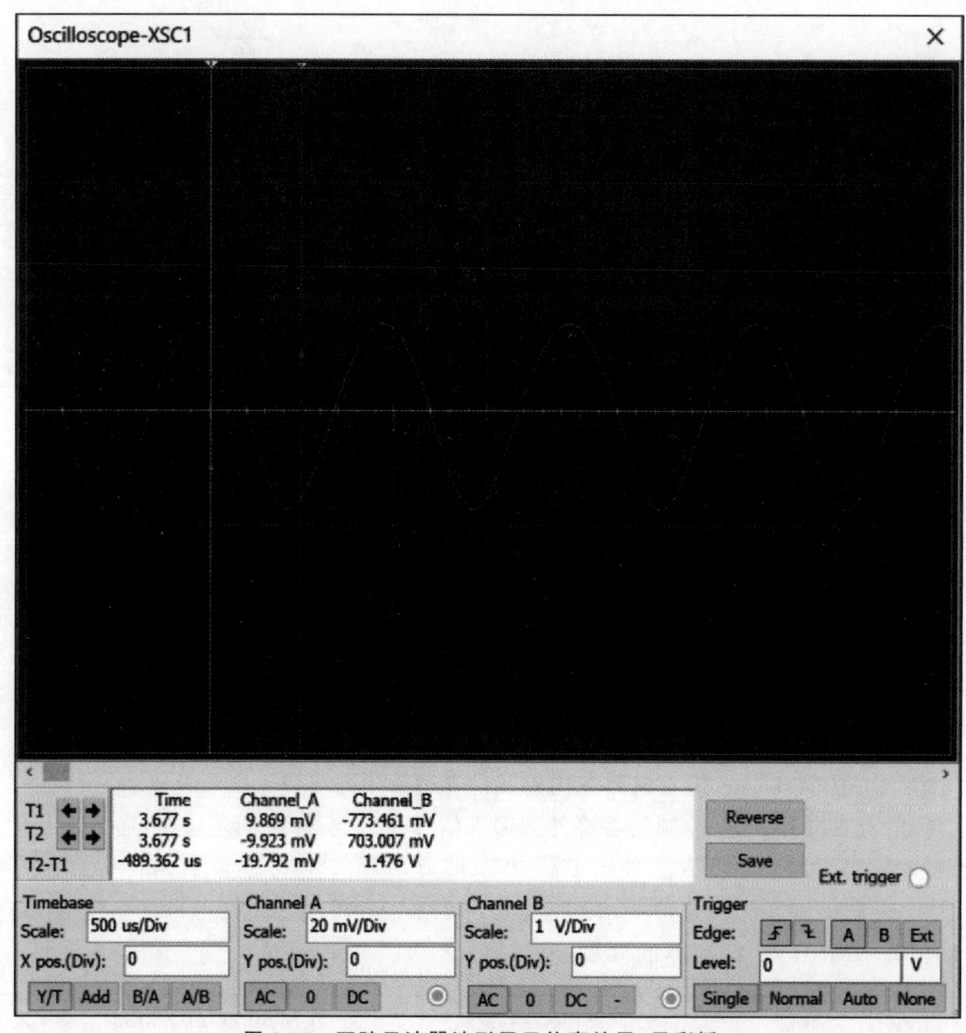

图 2.15　双踪示波器波形显示仿真结果(见彩插)

③ 单刀双掷开关 S_3 控制 R_s 是否接入放大器的输入端与信号源之间。S_3 向上拨表示 R_s 接入,S_3 向下拨表示 R_s 未接入。

(2) 动态参数测试。将输入端对地短接线去掉,用虚拟仪表完成测试内容(测试内容同线下)。

(3) 其他电路测试方法按照线下实验内容进行仿真,过程类似,这里不再赘述。

五、 实验预习要求

(1) 阅读教材中有关单管放大器电路的内容并估算实验电路的性能指标。假设三极管 3DG6 的参数 $\beta=100$，$R_{B2}=200\text{k}\Omega$，$R_{B1}=60\text{k}\Omega$，$R_C=5.1\text{k}\Omega$，$R_L=5.1\text{k}\Omega$，估算放大器的静态工作点、电压放大倍数 A_u、输入电阻 R_i 和输出电阻 R_o。

(2) 能否用直流电压表直接测量晶体管的 U_{BE}？为什么实验中要采用先测 U_B 和 U_E，再间接算出 U_{BE} 的方法？

(3) 怎样测量 R_{B2} 的阻值？

(4) 当调节上偏置电阻 R_{B1}，使放大器输出波形出现饱和失真或截止失真时，晶体管的管压降 U_{CE} 怎样变化？

(5) 改变静态工作点对放大器的输出电阻 R_i 是否有影响？改变外接电阻 R_L 对输出电阻 R_o 是否有影响？

(6) 在测试电压放大倍数 A_u、输入电阻 R_i 和输出电阻 R_o 时，怎样选择输入信号的幅度大小和频率？为什么信号频率一般选择 1kHz，而不选择 100kHz 或更高？

(7) 测试中，如果将函数信号发生器、交流毫伏表、示波器任一仪器两个测试端子接线换位(即各仪器的接地端不再连在一起)，将会出现什么问题？

(8) 熟悉 Multisim 软件原理图输入方法及电路编译、仿真方法。

六、 实验报告

按照实验目的、实验原理、实验设备、实验内容、实验数据、实验总结撰写实验报告，具体要求如下。

(1) 列表整理测量结果，并把实测的放大器静态工作点、电压放大倍数、输入电阻、输出电阻的值与理论计算值比较(取一组数据进行比较)，分析产生误差的原因。

(2) 总结 R_C、R_L 及静态工作点对放大器电压放大倍数、输入电阻、输出电阻的影响。

(3) 讨论静态工作点变化对放大器输出波形的影响。

(4) 分析讨论在调试过程中出现的问题。

七、 问题思考与练习

(1) 引起共射放大器电路输出波形非线性失真的原因是什么？

(2) 如何获得共射放大器电路的最大不失真输出电压？

实验三 差分放大器电路的测试

一、 实验目的

(1) 加深对差分放大器性能及特点的理解。

(2) 学习差分放大器主要性能指标的测试方法。

(3) 掌握 Multisim 软件的原理图输入方法及实验结果的仿真测试方法(线上)。

二、 实验设备与器件

(1) 模拟电路实验箱。

(2) 双踪示波器。

(3) 交流毫伏表。

(4) 数字万用表。

(5) 函数信号发生器。

(6) 三极管 3DG6 三个、电阻器和电容若干。

(7) 安装 Multisim 软件的计算机。

三、 实验原理

图 2.16 是差分放大器电路的基本结构。差分放大器电路由两个元件参数相同的基本共射极放大电路组成(俗称"面对面"对称)。当开关 S 拨向左边时,构成典型差分放大器电路,调零电位器 R_W 用来调节 T1、T2 管的静态工作点,使得输入信号 $u_i=0$ 时,双端输出电压 $u_o=0$。R_E 为两管共用的发射极电阻,它对差模信号无反馈作用,因而不影响差模电压放大倍数,但对共模信号有较强的负反馈作用,故可以有效地抑制零点漂移,稳定静态工作点。

当开关 S 拨向右边时,则构成具有恒流源的差分放大器电路(以下简称恒流源差分放大器电路)。它用晶体管恒流源代替发射极的电阻 R_E,可以进一步提高差分放大器抑制共模信号的能力。图 2.16 中调零电位器 R_W 的作用是补偿两个三极管参数的不对称性。

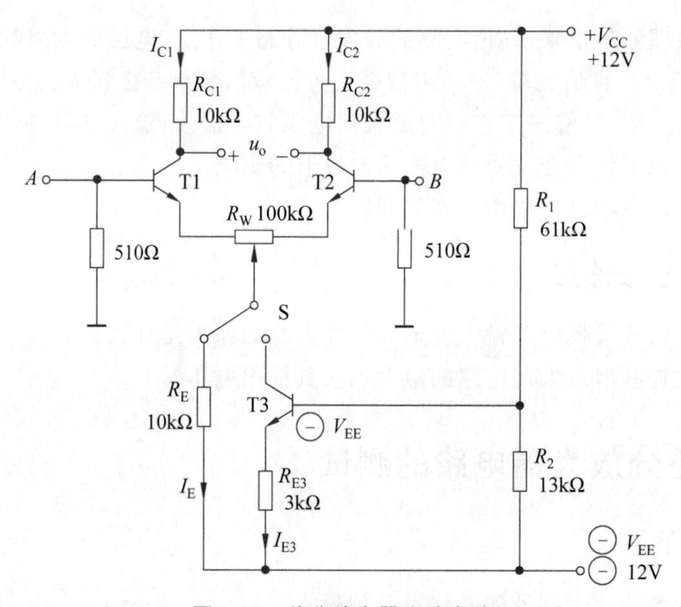

图 2.16 差分放大器实验电路

1. 静态工作点的估算

典型差分放大器电路(即开关 S 拨向左边)的静态工作点估算如下。

$$\left.\begin{aligned} I_{E} &= \frac{|V_{EE}| - U_{BE}}{R_{E}} (认为 U_{B1} = U_{B2} \approx 0) \\ I_{C1} &= I_{C2} = \frac{1}{2} I_{E} \end{aligned}\right\} \tag{2-12}$$

恒流源差分放大器电路(即开关S拨向右边)的静态工作点估算如下。

$$I_{C3} \approx I_{E3} \approx \frac{\frac{R_{2}}{R_{1}+R_{2}} \times (V_{CC} + |V_{EE}|) - U_{BE}}{R_{E3}} \tag{2-13}$$

2. 差模电压放大倍数和共模电压放大倍数

当典型差分放大器电路的发射极电阻 R_E 足够大,或采用恒流源差分放大器电路时,差模电压放大倍数 A_d 由输出方式决定,而与输入方式无关。

双端输出时,当 $R_E=\infty$,R_W 在中心位置,则有

$$A_{d} = \frac{\Delta u_{o}}{\Delta u_{i}} = -\frac{\beta \times R_{C1} (或 R_{C2})}{r_{be} + \frac{1}{2} \times (1+\beta) \times R_{W}} \tag{2-14}$$

单端输出时,

$$\left.\begin{aligned} A_{d1} &= \frac{\Delta u_{C1}}{\Delta u_{i}} = \frac{1}{2} A_{d} \\ A_{d2} &= \frac{\Delta u_{C2}}{\Delta u_{i}} = \frac{1}{2} A_{d} \end{aligned}\right\} \tag{2-15}$$

当输入共模信号时,若为单端输出,则有

$$\begin{aligned} A_{c1} = A_{c2} = \frac{\Delta u_{C1}}{\Delta u_{i}} &= \frac{-\beta \times R_{C1} (或 R_{C2})}{r_{be} + (1+\beta) \times \left(\frac{1}{2} R_{W} + 2R_{E}\right)} \\ &\approx -\frac{R_{C1} (或 R_{C2})}{2R_{E}} \end{aligned} \tag{2-16}$$

若为双端输出,则在理想情况下

$$A_{c} = \frac{\Delta u_{o}}{\Delta u_{i}} = 0 \tag{2-17}$$

实际上由于元件不可能完全对称,因此,A_c 也不会绝对等于零。

3. 共模抑制比

为了表征差分放大器电路对有用信号(差模信号)的放大作用和对共模信号的抑制能力,定义一个综合指标,即共模抑制比(common mode rejection ratio,CMRR),其计算公式如下。

$$K_{CMRR} = \left|\frac{A_{d}}{A_{u}}\right| \quad 或 \quad K_{CMRR} = 20\lg\left|\frac{A_{d}}{A_{u}}\right| (单位为 dB) \tag{2-18}$$

差分放大器的输入信号可以采用直流信号也可以采用交流信号。本实验由函数信号发生器提供频率 $f=1$kHz 的正弦信号作为输入信号。

四、 实验内容

1. 线下实验方式

1）差分放大器电路的静态工作点测试

（1）典型差分放大器电路连接及其性能测试。按照图 2.16 连接实验电路，开关 S 拨向左边构成典型差分放大器电路。

① 调节放大器零点。将放大器输入端 A、B 与地短接，接通±12V 直流电源，用直流电压表测量输出电压 U_o，调节调零电位器 R_W，使得 $U_o=0$。实验时应注意调节要仔细，力求测量准确。

② 测量静态工作点。零点调好之后，用直流电压表分别测量 T1、T2 管各电极电位及发射极电阻 R_E 两端电压 U_{R_E} 记录在表 2.11 中。

表 2.11　典型差分放大器电路的静态工作点测量与计算

<table>
<tr><td rowspan="2">测量值</td><td>类　型</td><td>U_{C1}/V</td><td>U_{B1}/V</td><td>U_{E1}/V</td><td>U_{C2}/V</td><td>U_{B2}/V</td><td>U_{E2}/V</td><td>U_{R_E}/V</td></tr>
<tr><td>典型差分放大器电路</td><td></td><td></td><td></td><td></td><td></td><td></td><td></td></tr>
<tr><td rowspan="2">计算值</td><td>类　型</td><td colspan="2">I_C/mA</td><td colspan="2">I_B/mA</td><td colspan="3">U_{CE}/V</td></tr>
<tr><td>典型差分放大器电路</td><td colspan="2"></td><td colspan="2"></td><td colspan="3"></td></tr>
</table>

（2）恒流源差分放大器电路连接及其性能测试。按照图 2.16 连接实验电路，开关 S 拨向右边构成恒流源差分放大器电路。

① 调节放大器零点。将放大器输入端 A、B 与地短接，接通±12V 直流电源，用直流电压表测量输出电压 U_o，调节调零电位器 R_W，使得 $U_o=0$。实验时应注意调节要仔细，力求测量准确。

② 测量静态工作点。零点调好之后，用直流电压表分别测量 T1、T2 管各电极电位及发射极电阻 R_{E3} 两端电压 $U_{R_{E3}}$ 记录在表 2.12 中。

表 2.12　恒流源差分放大器电路的静态工作点测量与计算

<table>
<tr><td rowspan="2">测量值</td><td>类　型</td><td>U_{C1}/V</td><td>U_{B1}/V</td><td>U_{E1}/V</td><td>U_{C2}/V</td><td>U_{B2}/V</td><td>U_{E2}/V</td><td>$U_{R_{E3}}$/V</td></tr>
<tr><td>恒流源差分放大器电路</td><td></td><td></td><td></td><td></td><td></td><td></td><td></td></tr>
<tr><td rowspan="2">计算值</td><td>类　型</td><td colspan="2">I_C/mA</td><td colspan="2">I_B/mA</td><td colspan="3">U_{CE}/V</td></tr>
<tr><td>恒流源差分放大器电路</td><td colspan="2"></td><td colspan="2"></td><td colspan="3"></td></tr>
</table>

2）差分放大器电路的动态测试

差分放大器电路的输入信号可以采用直流信号也可以采用交流信号。本实验由函数信号发生器提供频率 $f=1\sim2\text{kHz}$ 的正弦信号作为输入信号。

（1）测量差模电压放大倍数。调节函数信号发生器使其输出频率 $f=1\sim2\text{kHz}$、幅度合适的正弦信号 u_i，将函数信号发生器的输出端接放大器输入端 A，地端接放大器输入端 B，构成差模输入方式。

先将开关 S 拨向左边构成典型差分放大器电路。逐渐增大输入电压 u_i(约 100mV)，在输出波形无失真的情况下，用交流毫伏表测量 U_i、U_{c1}、U_{c2}(有效值)，记录在表 2.13 相应栏中，并观察 u_i、u_{c1}、u_{c2}之间的相位关系及 U_{R_E} 随 u_i 变化的情况。

再将开关 S 拨向右边构成恒流源差分放大器电路。在输出波形无失真的情况下，用交流毫伏表测 U_i、U_{c1}、U_{c2}，记录在表 2.13 相应栏中。

(2) 测量共模电压放大倍数。将放大器输入端 A、B 短接，信号源接 A 端与地之间，构成共模输入方式，调节输入信号 f 为 1kHz，并按照表格调节 U_i。

先将开关 S 拨向左边构成典型差分放大器电路，在输出电压无失真的情况下，测量 u_{c1}、u_{c2}的有效值 U_{c1}、U_{c2}，记录在表 2.13 相应栏中，并用示波器观察 u_i、u_{c1}、u_{c2}之间的相位关系及 U_{R_E} 随 u_i 变化的情况。

再将开关 S 拨向右边构成恒流源差分放大器电路，在输出电压无失真的情况下，测量 u_{c1}、u_{c2}的有效值 U_{c1}、U_{c2}，记录在表 2.13 相应栏中，并用示波器观察 u_i、u_{c1}、u_{c2}之间的相位关系及 U_{R_E} 随 u_i 变化的情况。

$$A_d = 2A_{d1} = A_{d1} + A_{d2} \tag{2-19}$$

$$A_c = | A_{c1} - A_{c2} | \tag{2-20}$$

表 2.13 差分放大器电路的动态测量与计算

测 量 值	典型差分放大器电路		恒流源差分放大器电路	
	双端输入	共模输入	双端输入	共模输入
U_i/V	100mV	1V	100mV	1V
U_{c1}/V				
U_{c2}/V				
$A_{d1}=\frac{U_{c1}}{U_i}$				
$A_d=\frac{U_o}{U_i}$				
$A_{c1}=\frac{U_{c1}}{U_i}$				
$A_c=\frac{U_o}{U_i}$				
$K_{CMRR}=\frac{A_{d1}}{A_{c1}}$				

2. 线上实验方式

(1) 差分放大器的零点调试 Multisim 仿真电路如图 2.17 所示。按照线下实验方式 1)进行仿真并记录。

图 2.17 中的 Multisim 仿真电路在构建及仿真过程中需要注意以下几点。

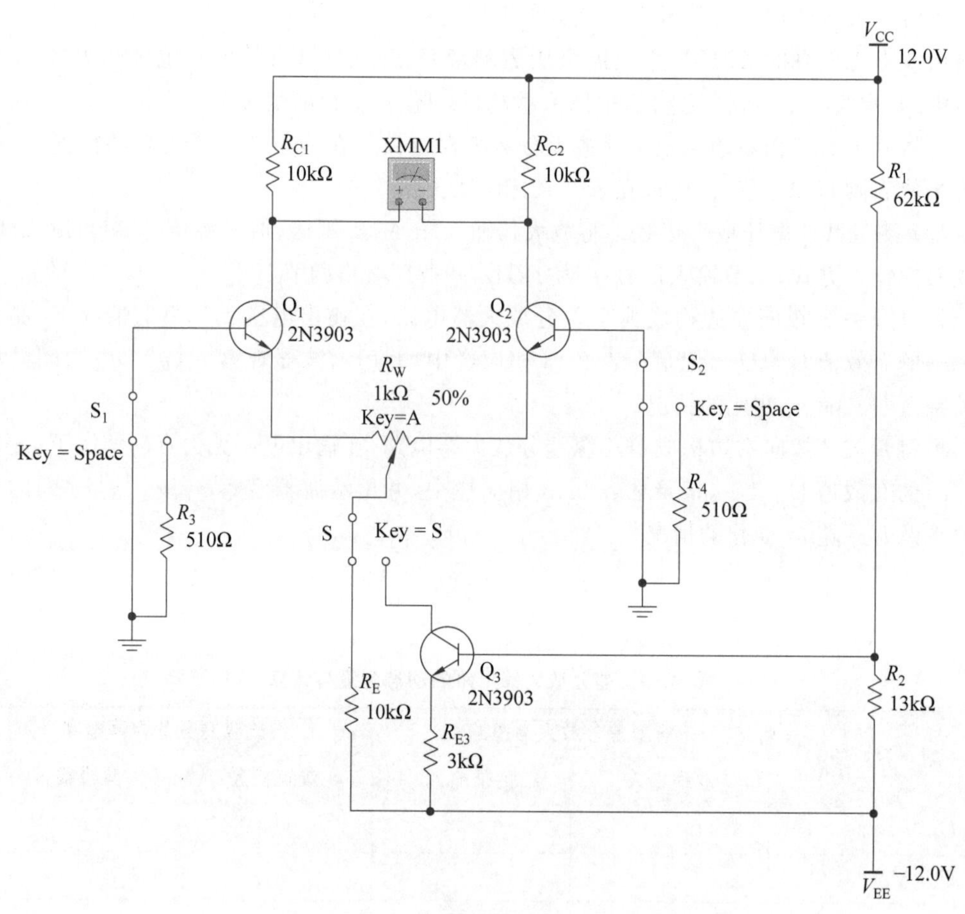

图 2.17　差分放大器零点调试 Multisim 仿真电路

① 单刀双掷开关 S 控制接入电路的是典型差分放大器电路(向左拨)或者恒流源差分放大器电路(向右拨)。单刀双掷开关 S_1、S_2 控制着输入方式是双端输入还是共模输入。此时调节滑动变阻器 R_W,使得U_o=0V,即万用表 XMM1 的读数,如图 2.18 中所示,将 R_W 大约调节至 50%的位置,XMM2 的读数为−2.659pV(在误差允许范围内)。

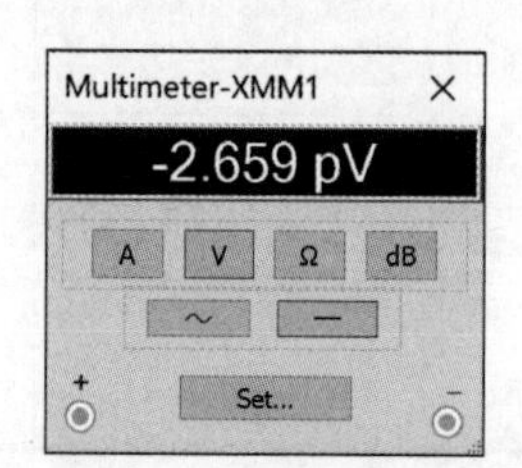

图 2.18　U_o 的万用表读数

② 剩余的静态工作点测量,按照线下实验方式 1)中(2)进行仿真测试并记录。

(2) 差模电压放大倍数测量 Multisim 仿真图如图 2.19 所示。按照线下实验方式 2)进行仿真并记录。

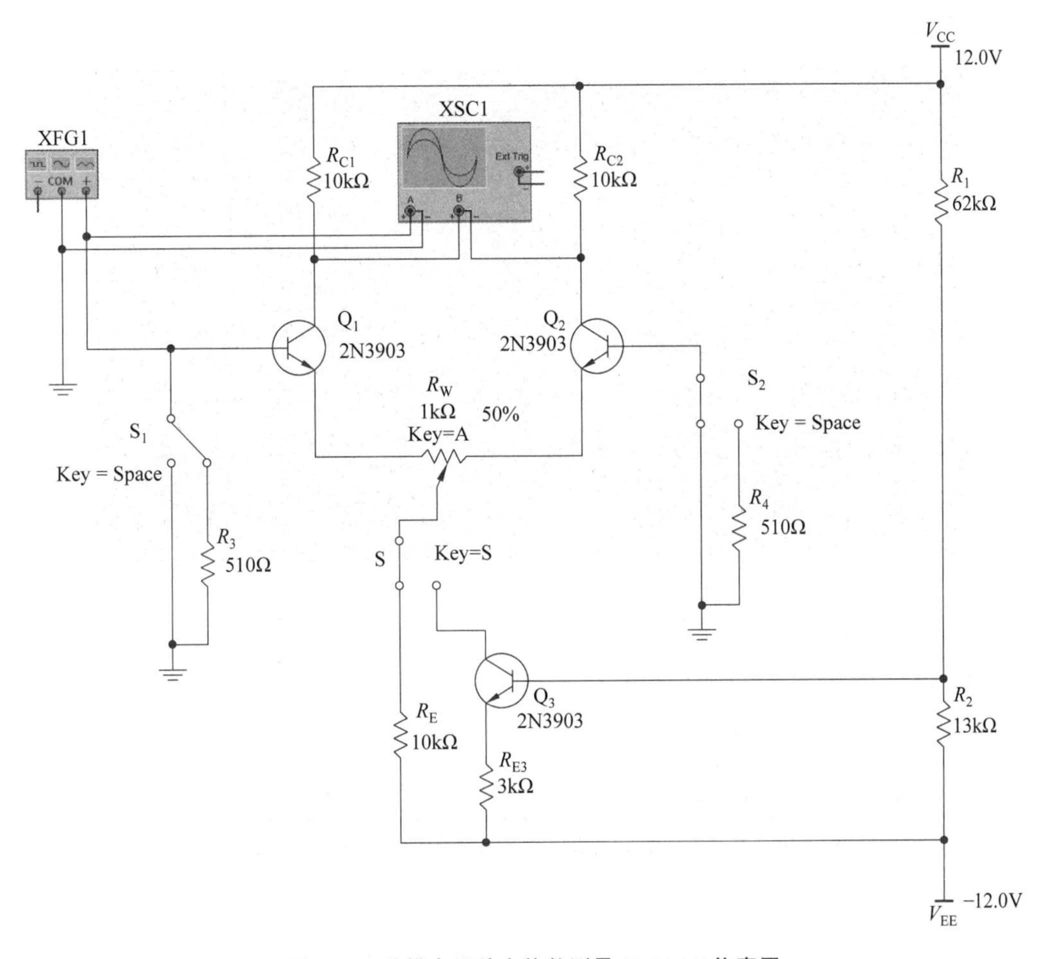

图 2.19　差模电压放大倍数测量 Multisim 仿真图

图 2.19 中的 Multisim 仿真电路在构建及仿真过程中需要注意以下几点。

① 函数信号发生器的输出端接单刀双掷开关 S_1，S_1 向右拨；输入端接单刀双掷开关 S_2，S_2 向左拨，构成双端输入方式。

② 利用函数信号发生器产生频率 f 为 1kHz、幅值为 100mV 的正弦波。双踪示波器的仿真波形图如图 2.20 所示，其中，红色为输入波形，绿色为输出波形。

五、 实验预习要求

(1) 根据实验电路参数，估算典型差分放大器电路和恒流源差分放大器电路的静态工作点及差模电压放大倍数($\beta_1=\beta_2=100$)。

(2) 测量静态工作点时，放大器输入端 A、B 与地应如何连接?

(3) 实验中怎样获得双端和单端输入差模信号，怎样获得共模信号？画出 A、B 端与信号源之间的连接图。

(4) 怎样进行静态工作点调零？用什么仪表测量 u_o？怎样用交流毫伏表测量双端输

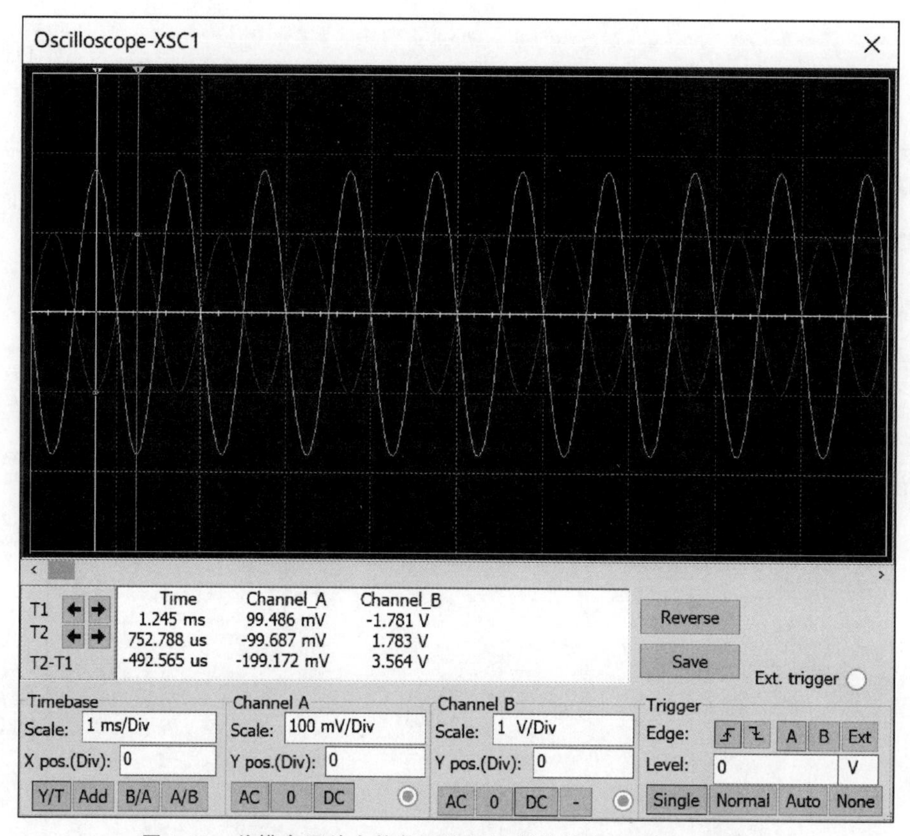

图 2.20　差模电压放大倍数双踪示波器的仿真波形图(见彩插)

出电压 u_o?

(5) 熟悉 Multisim 软件原理图输入方法及电路编译、仿真方法。

六、 实验报告

按照实验目的、实验原理、实验设备、实验内容、实验数据、实验总结撰写实验报告,具体要求如下。

(1) 整理实验数据,比较实验结果和理论估算值,分析误差原因。

(2) 计算静态工作点和差模电压放大倍数,比较典型差分放大器电路单端输入时的 K_{CMRR} 实测值与理论值。

(3) 比较典型差分放大器电路单端输入时的 K_{CMRR} 实测值与恒流源差分放大器电路的 K_{CMRR} 实测值。

(4) 比较 u_i、u_{c1}、u_{c2} 之间的相位关系,并根据实验结果,总结电阻 R_E 和恒流源的作用。

七、 问题思考与练习

(1) 共模信号与共模放大倍数和差模信号与差模放大倍数的区别是什么?

(2) 典型差分放大器电路和恒流源差分放大器电路的结构及特点分别是什么?

实验四 集成运算放大器的基本应用

一、 实验目的

(1) 研究由集成运算放大器组成的比例、加法、减法和积分等基本运算电路的功能。

(2) 了解集成运算放大器在实际应用时应考虑的一些问题。

(3) 掌握由集成运算放大器组成的电压比较器的电路特点和测试方法。

(4) 掌握 Multisim 软件的原理图输入方法及仿真测试方法(线上)。

二、 实验设备与器件

(1) ±12V 直流电源。

(2) 函数信号发生器。

(3) 交流毫伏表。

(4) 数字万用表。

(5) 集成运算放大器 μA741。

(6) 模拟电路实验箱电容及电阻若干。

(7) 安装 Multisim 软件的计算机。

三、 实验原理

集成运算放大器是一种具有高电压放大倍数的直接耦合多级放大电路。当外部接入不同的线性或非线性元器件组成输入和负反馈电路时,集成运算放大器可以灵活地实现各种特定的函数关系。在线性应用方面,集成运算放大器可以组成比例、加法、减法、积分、微分、对数等模拟电路中的基本运算电路;在非线性应用方面,集成运算放大器可以组成电压比较器、振荡器等。

本实验采用的集成运算放大器型号为 μA741,其引脚(又称管脚)排列图如图 2.21 所示。它是八脚双列直插式组件,2 脚和 3 脚为反相和同相输入端,6 脚为输出端,7 脚和 4 脚为正、负电源端,1 脚和 5 脚之间可以接入一只 100kΩ 的电位器 R_W 并将滑动触头接到负电源端,8 脚为空脚。其功能如表 2.14 所示。

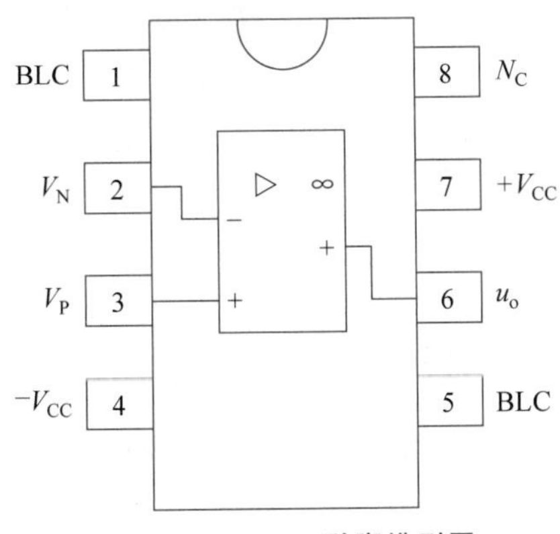

图 2.21 μA741 引脚排列图

表 2.14　μA741 引脚功能及说明

引脚	1,5	2	3	4	6	7	8
功能	balance	$-u$	$+u$	$-V_{CC}$	u_o	$+V_{CC}$	N_c
说明	平衡	反相输入	同相输入	负电源	输出	正电源	空

1. 理想集成运算放大器的主要性能指标

(1) 开环电压增益：$A_{ud}=\infty$。

(2) 输入阻抗：$R_i=\infty$。

(3) 输出阻抗：$R_o=\infty$。

(4) 失调与漂移均为零。

2. 理想集成运算放大器在线性应用时的两个重要特性

(1) 输出电压 u_o 与输入电压之间满足以下关系式

$$u_o=A_{ud}(u_+-u_-) \tag{2-21}$$

由于 $A_{ud}=\infty$，而 u_o 为有限值，因此，$(u_+-u_-)=0$，即 $u_+=u_-$，称为“虚短”。

(2) 由于 $R_i=\infty$，则流经集成运算放大器输入端的电流可以视为零，即 $I_+=I_-=0$，称为“虚断”。

上述两个特性是分析理想集成运算放大器应用电路的基本原则，可以简化对基本运算电路的分析。

3. 基本运算电路

由理想集成运算放大器组成的基本运算电路有比例运算电路、加法运算电路、减法运算电路、积分运算电路等。

1) 比例运算电路

(1) 反相比例运算电路

反相比例运算电路如图 2.22 所示。根据理想集成运算放大器的特性及电路参数，可以分析得到它的输出电压与输入电压之间的关系为

$$u_o=-\frac{R_f}{R_1}u_i=-10u_i \tag{2-22}$$

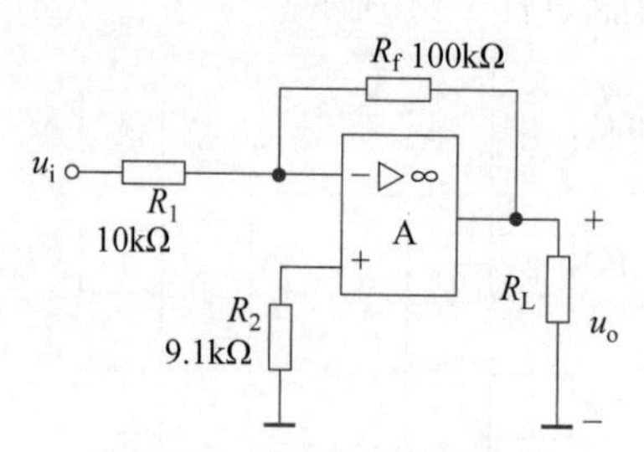

图 2.22　反相比例运算电路

为了减小输入级偏置电流引起的运算误差，在同相输入端应接入平衡电阻 $R_2=$

$R_1 \parallel R_f$。

(2) 同相比例运算电路

同相比例运算电路如图2.23所示，根据理想集成运算放大器的特性及电路参数，可以分析得到它的输出电压与输入电压之间的关系为

$$u_o = \left(1 + \frac{R_f}{R_1}\right) u_i = 11u_i \tag{2-23}$$

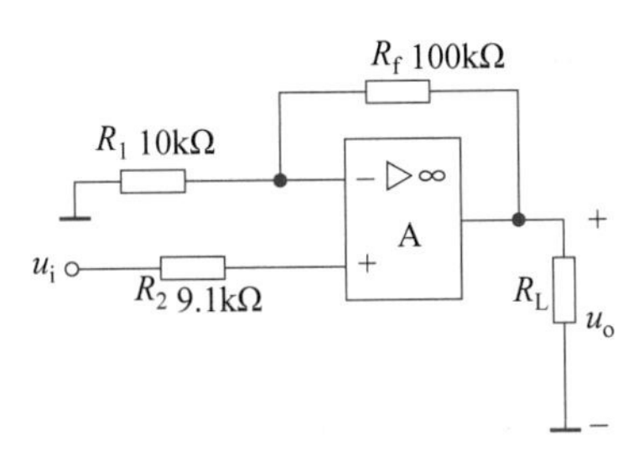

图2.23 同相比例运算电路

当 $R_1 \to \infty$ 时，$u_o = u_i$，可以得到如图2.24所示的电压跟随器。图中 $R_2 = R_f$，用以减小零点漂移和起保护作用。一般 R_f 取100kΩ，R_f 取值太小起不到保护作用，太大则影响跟随性。

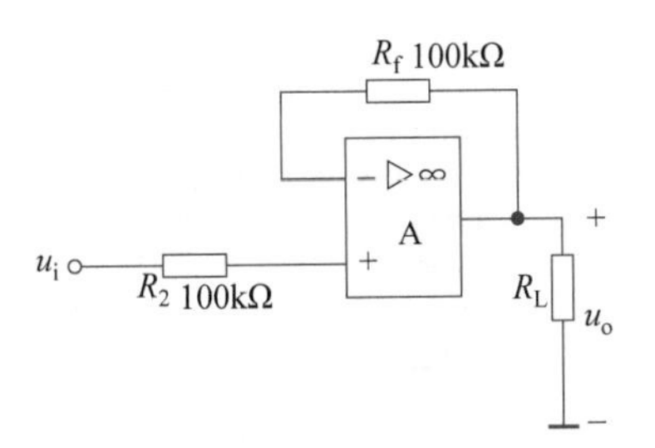

图2.24 电压跟随器

2) 加法运算电路

(1) 反相加法运算电路如图2.25所示，根据理想集成运算放大器的特性及电路参数，可以分析得到它的输出电压与输入电压之间的关系为

$$u_o = -\left(\frac{R_f}{R_1} u_{i1} + \frac{R_f}{R_2} u_{i2}\right), R_3 = R_1 \parallel R_2 \parallel R_f \tag{2-24}$$

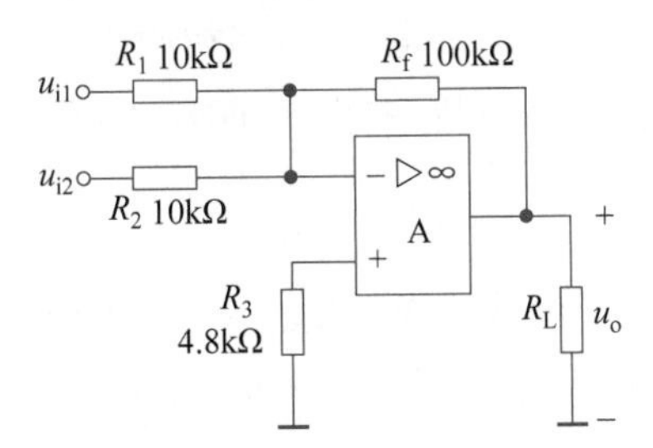

图2.25 反相加法运算电路

(2) 同相加法运算电路如图 2.26 所示，根据理想集成运算放大器的特性及电路参数，可以分析得到它的输出电压与输入电压之间的关系为

$$u_o=\left(1+\frac{R_f}{R_3}\right)\frac{R_2}{R_1+R_2}u_{i1}+\left(1+\frac{R_f}{R_1}\right)\frac{R_1}{R_1+R_2}u_{i2}$$
$$=u_{i1}+u_{i2} \tag{2-25}$$

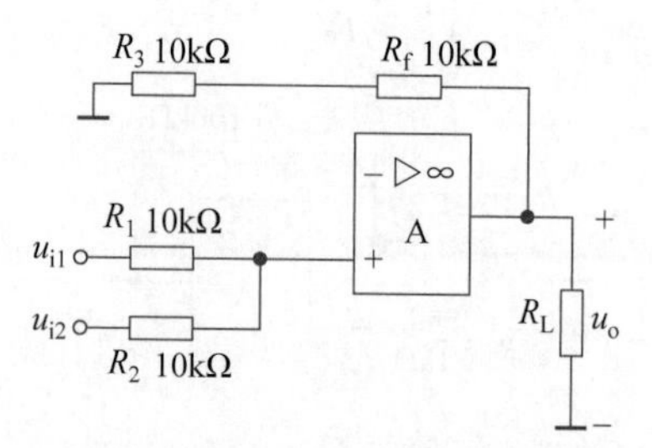

图 2.26　同相加法运算电路

3) 减法运算电路

对于图 2.27 所示的减法电路，当 $R_1=R_2$，$R_3=R_f$ 时，有如下关系式

$$u_o=\frac{R_f}{R_1}(u_{i2}-u_{i1}) \tag{2-26}$$

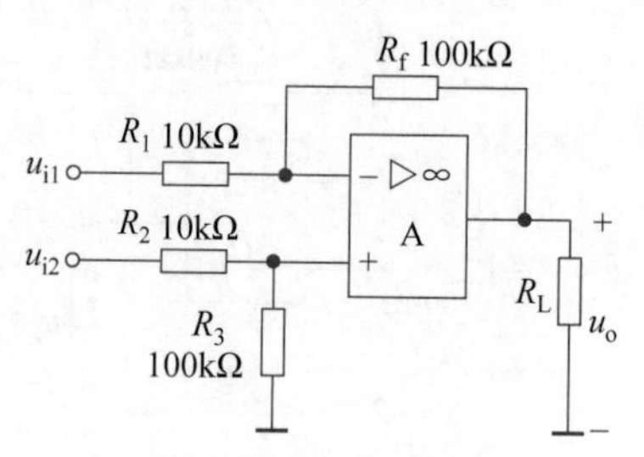

图 2.27　减法运算电路

4) 积分运算电路

反相积分运算电路如图 2.28 所示，图中电容 C 取 10μF。在理想条件下，输出电压 u_o 的计算公式为

$$u_o(t)=-\frac{1}{R_1C}\int_0^t u_t(t)\,dt+u_C(0) \tag{2-27}$$

式中，$u_C(0)$是 $t=0$ 时刻电容 C 两端的电压值，即初始值。

如果 $u_i(t)$是幅值为 E 的阶跃电压，并设 $u_C(0)=0$，则

$$u_o(t)=-\frac{E}{R_1C}\times t \tag{2-28}$$

即输出电压 $u_o(t)$随时间增长而线性下降。显然 R_1C 的数值越大，达到给定的 u_o 值所需的时间就越长。积分输出电压所能达到的最大值受到集成运算放大器最大输出范围的限制。

在进行积分运算之前，首先应对集成运算放大器调零。为了便于调节，将图中 S_1 闭

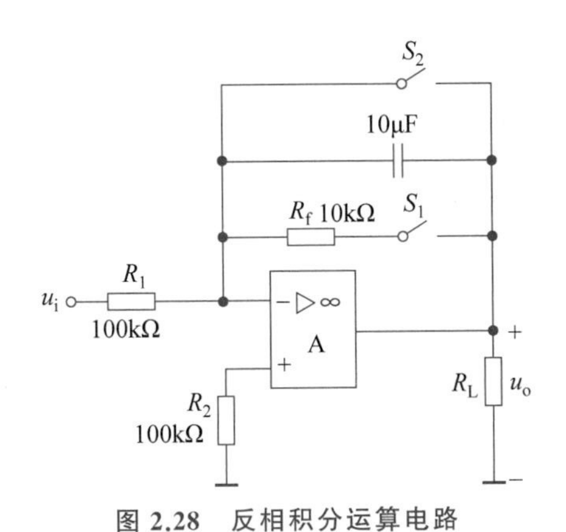

图 2.28　反相积分运算电路

合，即通过电阻 R_f 的负反馈作用帮助实现调零。但在完成调零后，应将 S_1 打开，以免因 R_f 的接入造成积分误差。

S_2 的设置一方面可以为积分电容放电提供通路，同时可以实现积分电容初始电压 $u_C(0)=0$，另一方面可以控制积分起始点，即在加入信号 u_i 后，只要 S_2 一打开，电容就可以被恒流充电，电路也就开始进行积分运算。

4. 电压比较器

电压比较器是集成运算放大器的非线性应用电路，它将一个模拟量电压信号和一个参考电压相比较，在二者幅度相等的附近，输出电压将产生跃变，相应输出高电平或低电平。

电压比较器可以组成非正弦波形变换电路或应用于模拟与数字信号转换等领域。

常用的电压比较器有过零比较器、滞回比较器、双限比较器(又称窗口比较器)等。

图 2.29(a)所示为一简单电压比较器及其电压传输特性，u_R 为参考电压，加在集成运算放大器的同相输入端，输入电压 u_i 加在反相输入端。

当 $u_R<u_i$ 时，集成运算放大器输出正饱和，稳压二极管 VD_2 反向击穿，$u_o=U_z$。

当 $u_R>u_i$ 时，集成运算放大器输出负饱和，VD_2 正向导通，$u_o=-U_D\approx 0$。

当 $u_R=0$ 时，该电压比较器为过零比较器。

过零比较器结构简单，灵敏度高，但抗干扰能力差。在实际工作时，如果 u_i 恰好在零值附近，则由于零点漂移的存在，u_o 将不断由一个极限值转换到另一个极限值，这在控制系统中，对执行机构是很不利的。

为此，就需要输出特性具有滞回现象。图 2.29(b)所示为滞回比较器及其电压传输特性，从输出端引一个正反馈支路到同相输入端，若 u_o 改变电位状态，那么同向输入端也随着改变电位状态。

当 $u_o=+U_z$ 时，$U_\Sigma=\dfrac{R_2}{R_f+R_2}U_z=U_{T+}$。

当 $u_i>U_{T+}$、u_o 变为 $-U_z$ 时，$U_\Sigma=\dfrac{R_2}{R_f+R_2}(-U_z)=U_{T-}$。

只有当 u_i 下降到 $u_i>U_{T-}$ 时，u_o 才能再度回升到 $+U_z$。

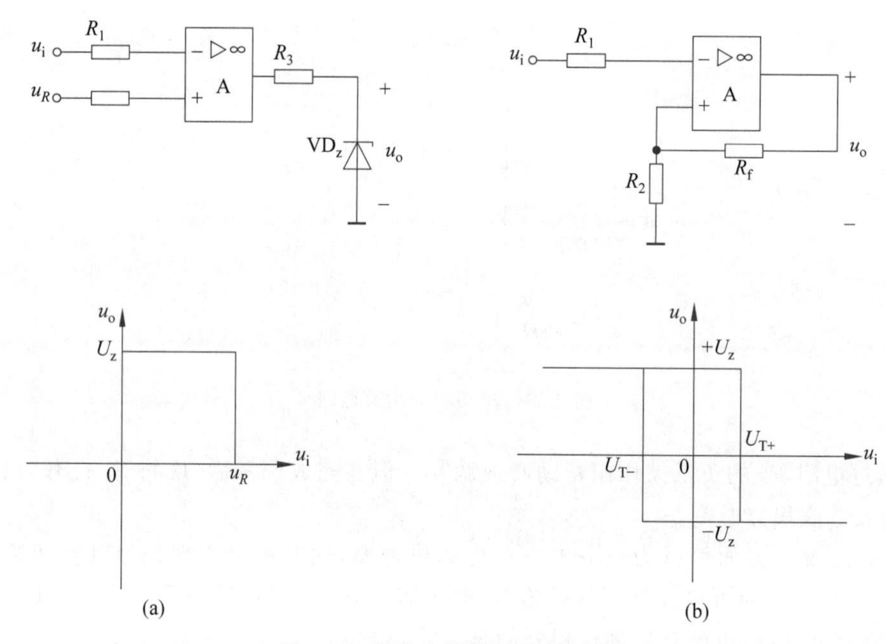

图 2.29　简单比较器和滞回比较器

(a)简单比较器；(b)滞回比较器

四、 实验内容

1. 线下实验方式

为提高运算精度，在运算前，应当对直流输出电位进行调零，即保证输入为零时，输出也为零。将输入端接地，用直流电压表测量输出电压 u_o，调节 R_W，使 u_o 为零。

实验前要看清集成运算放大器组件各引脚的位置，切忌正、负电流极性接反和输出端短路，否则将会损坏集成运算放大器。

1）比例运算电路

（1）反相比例运算电路按如下步骤进行测量。

① 按照图 2.22 连接实验电路，接通±12V 电源，输入端对地短接，进行调零。

② 输入 $f=100\text{Hz}$、$U_{ipp}=0.5\text{V}$(峰-峰值)的正弦交流信号，测量相应的 u_o(有效值)，并用示波器观察 u_o 和 u_i 的相位关系，记录在表 2.15 中。

表 2.15　反相比例运算电路测量

u_i/V	u_o/V	u_i 波形	u_o 波形	A_u	
				实测值	计算值

（2）同相比例运算电路按如下步骤进行测量。

① 按照图 2.23 连接实验电路，接通±12V 电源，输入端对地短接，进行调零。

② 输入 $f=100\text{Hz}$、$U_{\text{ipp}}=0.5\text{V}$(峰-峰值)的正弦交流信号,测量相应的 u_{o}(有效值),并用示波器观察 u_{o} 和 u_{i} 的相位关系,记录在表 2.16 中。

表 2.16　同相比例运算电路测量

u_{i}/V	u_{o}/V	u_{i} 波形	u_{o} 波形	A_u	
				实测值	计算值

2) 加法运算电路

(1) 反相加法运算电路按如下步骤进行测量。

① 按照图 2.25 连接实验电路,调零。

② 输入信号采用直流信号,直流信号源由信号源模块提供。实验时要注意选择合适的直流信号幅度以确保集成运算放大器工作在线性区。改变直流信号源的输出电压,用直流电压表测量 u_{i1}、u_{i2} 及输出电压 u_{o},记录在表 2.17 中。

表 2.17　反相加法运算电路的测量

输入	u_{i1}/V	1	3	5
	u_{i2}/V	6	4	2
输出	u_{o}/V			
A_u	实测值			
	计算值			

(2) 同相加法运算电路按如下步骤进行测量。

① 按照图 2.26 连接实验电路,调零。

② 输入信号采用直流信号,直流信号源由信号源模块提供。实验时要注意选择合适的直流信号幅度以确保集成运算放大器工作在线性区。改变直流信号源的输出电压,用直流电压表测量 u_{i1}、u_{i2} 及输出电压 u_{o},记录在表 2.18 中。

表 2.18　同相加法运算电路的测量

输入	u_{i1}/V	1	3	5
	u_{i2}/V	6	4	2
输出	u_{o}/V			
A_u	实测值			
	计算值			

3) 减法运算电路

(1) 按照图 2.27 连接电路。

(2) 输入信号采用直流信号,直流信号源由信号源模块提供。实验时要注意选择合适的直流信号幅度以确保集成运算放大器工作在线性区。改变直流信号源的输出电压，用直流电压表测量 u_{i1}、u_{i2} 及输出电压 u_o，记录在表 2.19 中。

注意：u_{i1}、u_{i2} 的值可以参考表 2.19，也可以自行设定。

表 2.19　减法运算电路的测量

输　入		输　出	A_u	
u_{i1}/V	u_{i2}/V	u_o/V	实测值	计算值
1.5	2			
2.5	3			
4.5	4			

4）积分运算电路

（1）实验电路如图 2.28 所示。打开 S_2，闭合 S_1，对集成运算放大器输出进行调零。

（2）调零完成后，再打开 S_1，闭合 S_2，使 $u_C(0)=0$。

（3）预先调好使直流输入电压 $u_i=0.5V$，接入实验电路，再打开 S_2，然后用直流电压表测量输出电压 u_o，每隔 5s 读一次 u_o，记录在表 2.20 中，直到 u_o 不继续明显增大为止。

表 2.20　积分运算电路的测量

t/s	0	5	10	15	20	25	30	…
u_o/V								

5）电压比较器

（1）实验电路如图 2.30 所示。开关 S 打开为过零比较器。使 u_i 输入频率为 500Hz、幅值为 2V 的正弦信号，用示波器观察 u_i、u_o 的波形并记录。

（2）开关 S 闭合为滞回比较器。首先使 u_i 接±5V 可调直流电源，测出 u_o 跳变时 u_i 的临界值。然后使 u_i 接频率为 500Hz、幅度合适的正弦信号，观察并记录 u_i、u_o 的波形。

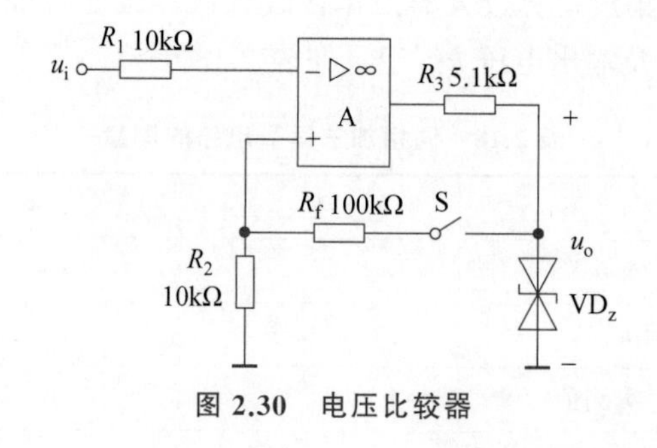

图 2.30　电压比较器

2. 线上实验方式

（1）以比例运算电路为例说明如何利用 Multisim 软件进行仿真。反相比例运算的 Multisim 仿真电路如图 2.31 所示。按照线下实验方式 1）的要求，在输入端加交流信号

u_i(由 AC POWER)提供,用虚拟仪表(示波器)观察 u_i、u_o 的波形,比较其相位关系,并测出 u_i 和 u_o 的相位关系,具体操作如下。测量 u_o 与 u_i 的相位关系应首先调虚拟仪表(示波器)使其虚拟界面清晰地显示 u_o 与 u_i 波形(最好用两种颜色区分),然后移动 T_1、T_2 两个纵向游标卡尺到 u_o 与 u_i 波形的相邻波峰处测出位移差 ΔX 的值($T_1 - T_2 = \Delta X$),最后利用公式 $\Delta\varphi = 2\pi f \Delta X$ 就可以计算出相位差 $\Delta\varphi$。

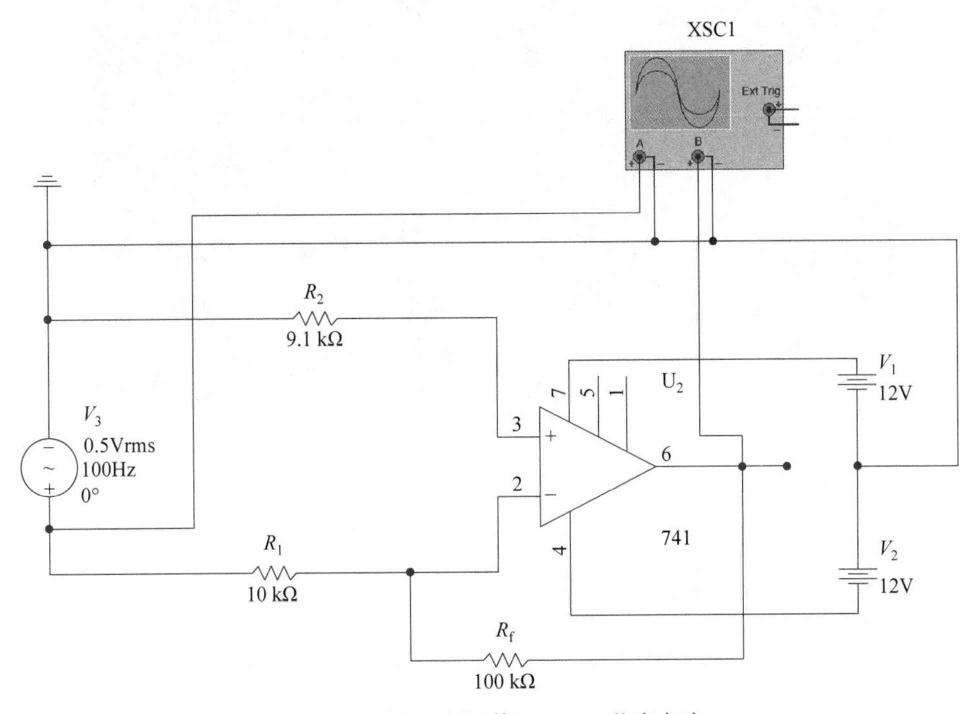

图 2.31　反相比例运算 Multisim 仿真电路

图 2.31 中的 Multisim 仿真电路在构建及仿真过程中需要注意以下几点。

① 集成运算放大器 μA741 的电源电压允许范围为±9～±18V。本实验中取正电源为 $+V_{CC} = +12V$,负电源为 $-V_{CC} = -12V$。分别接 7 号端口和 4 号端口。

② 双踪示波器的 A 端接输入信号 $f = 100Hz$、$U_{ipp} = 0.5V$(峰-峰值)的正弦交流信号,B 端接输出信号,为了便于观察仿真结果,将输出信号的波形改为绿色,输入信号改为红色,其结果如图 2.32 所示。游标 1 和游标 2 分别对应 T1 和 T2 的数值。

③ 集成运算放大器的输入信号选用交流、直流量均可,但在选取信号的幅度时应注意输出幅度的限制。也就是集成运算放大器不是无限放大,在放大过程中应遵循能量守恒,也就是放大后的最大输出电压不应该超过 μA741 的正负供电电源±12V。例如,将输入信号的 $U_{ipp} = 0.5V$(峰-峰值)修改为 $U_{ipp} = 3V$(峰-峰值),函数信号发生器的参数设置如图 2.33 所示,仿真结果如图 2.34 所示。从图 2.34 中可以看出,输出波形在波峰和波谷产生了削平,与标准的正弦波不同。其原因就是 $U_{ipp} = 3V$ 时的输入信号,其正半轴的幅值为 1.5V,经反相比例运算电路放大后的理论输出为(1.5×10)V=15V,但是 15V 超过了集成运算放大器的供电电源 12V,所以输出波形被削平了。

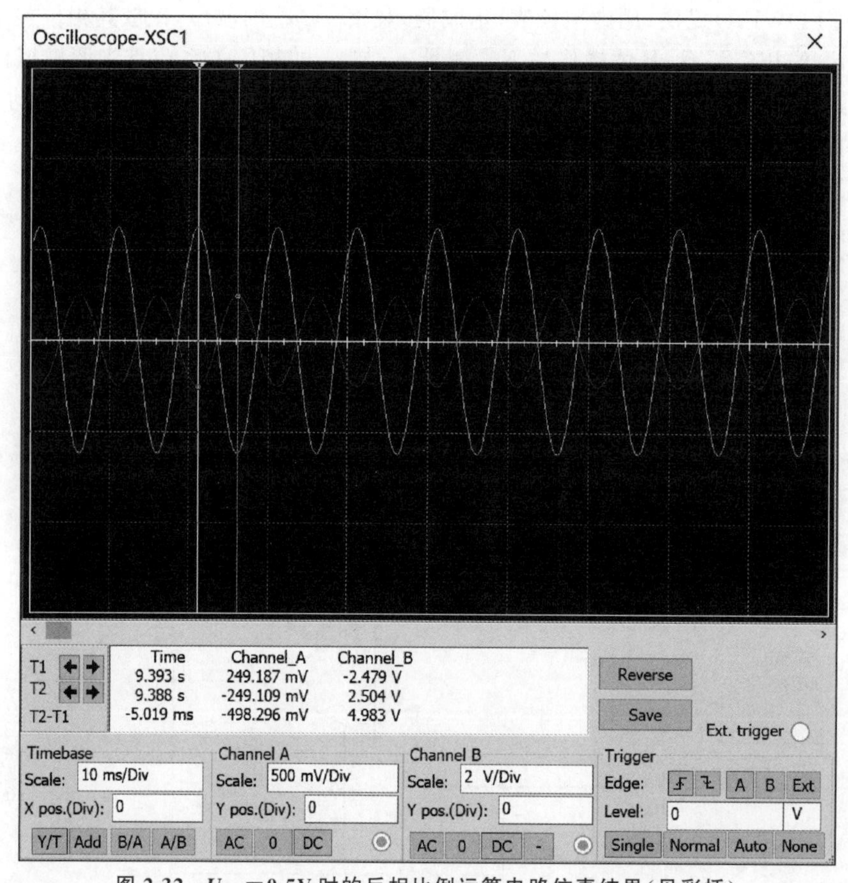

图 2.32　$U_{ipp}=0.5V$ 时的反相比例运算电路仿真结果(见彩插)

(2) 同相比例运算的 Multisim 电路仿真结果如图 2.35 所示,按照线下实验方式 1)的要求完成仿真并记录结果。

(3) 其他运算电路按照所给原理图和以上 Multisim 软件电路图创建方法建立电路图,按照线下实验方式的要求进行仿真并记录仿真结果。

五、 实验预习要求

(1) 复习集成运算放大器线性应用部分内容,根据实验电路参数计算各电路输出电压的理论值。

(2) 在反相比例运算电路中,如果 u_i 采用直流信号,当考虑到集成运算放大器的最大输出幅度(±12V)时,$|u_i|$的大小不应超过多少?

(3) 在积分运算电路中,如果 $R_1=100k\Omega, C=4.7\mu F$,求时间常数。假设 $u_i=0.5V$,要使输出电压 u_o 达到 5V,需要多长时间(设 $u_C(0)=0$)?

(4) 熟悉 Multisim 软件原理图输入方法及电路编译、仿真方法。

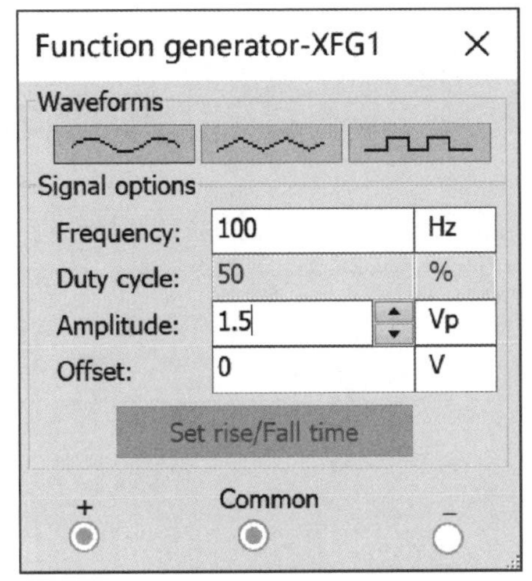

图 2.33 U_{ipp}=3V 时的函数信号发生器参数设置

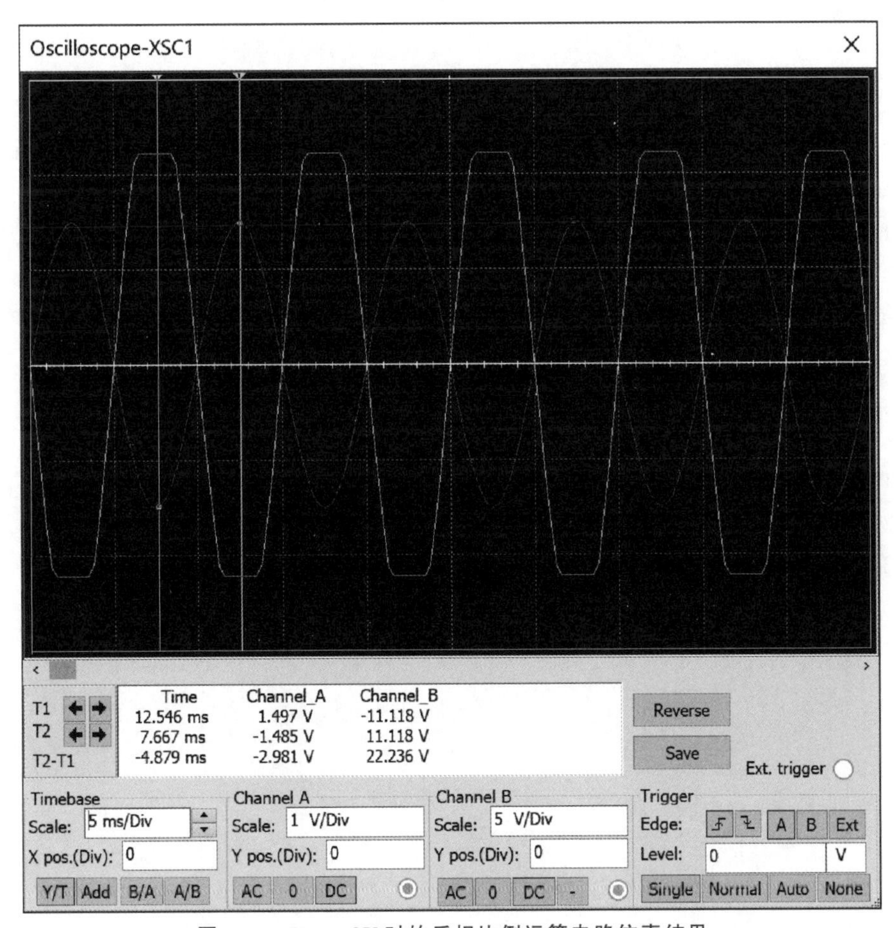

图 2.34 U_{ipp}=3V 时的反相比例运算电路仿真结果

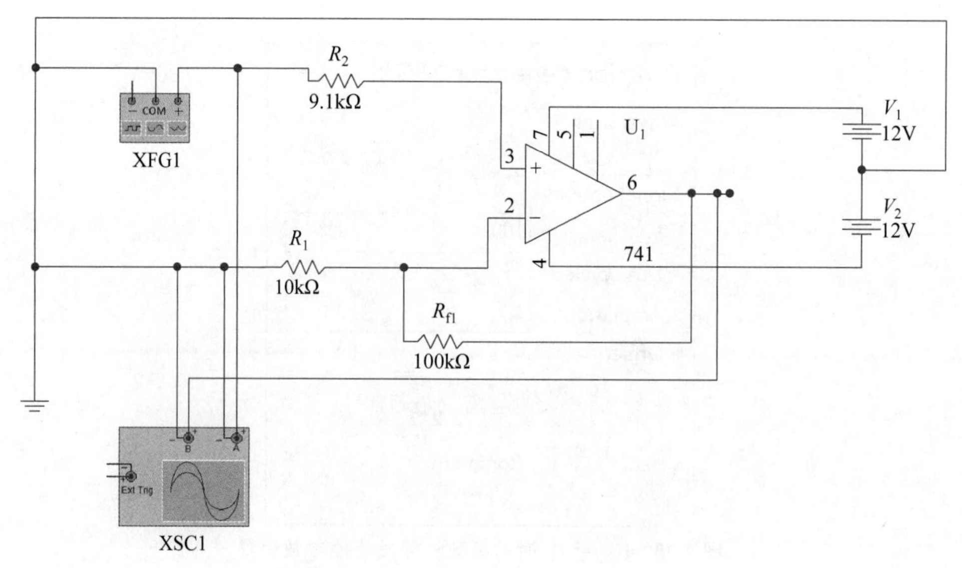

图 2.35　同相比例运算 Multisim 仿真电路

六、 实验报告

按照实验目的、实验原理、实验设备、实验内容、实验数据、实验总结撰写实验报告，具体要求如下。

(1) 整理实验数据，画出波形图(注意波形间的相位关系)。

(2) 对理论计算结果和实测数据进行比较，分析产生误差的原因。

(3) 分析讨论实验中出现的现象和问题。

(4) 总结电压比较器的特点并阐明它们的应用。

七、 问题思考与练习

(1) 集成运算放大器是无限放大的吗？最大放大到多少？为什么？

(2) 为了不损坏集成运算放大器，实验中应注意什么问题？

(3) 滞回电压比较器有什么特点？

第 3 章

数字电路实验

实验一　组合逻辑电路功能分析

一、实验目的

(1) 熟悉数字电路实验箱的布局结构和使用方法。

(2) 掌握各类门电路逻辑功能的静态测试和动态测试方法。

(3) 掌握组合逻辑电路的分析方法和测试方法。

(4) 掌握 Multisim 的原理图的输入方法及实验结果的仿真测试方法(线上)。

二、实验设备及器材

(1) 数字电路实验箱及+5V 直流电源。

(2) 双踪示波器。

(3) 连续脉冲源。

(4) 逻辑电平开关。

(5) 0-1 指示器。

(6) 四-二输入与非门(74LS00)、四-二输入异或门(CD4030)。

(7) 安装 Multisim 软件的计算机。

三、实验原理

(1) 逻辑门电路是组成各种数字电路的基本单元。常用的门电路有与门、或门、非门、与非门、或非门和异或门等。可以用以上常用的门电路来组合成具有其他功能的门电路。例如,根据与门的逻辑函数表达式 $F=A\cdot B=\overline{\overline{A\cdot B}}$,可以用两个与非门组合成一个与门。当然,还可以组合成更复杂的逻辑关系。

(2) 组合逻辑电路的分析是根据所给的逻辑门电路,写出其输入与输出之间的逻辑函数表达式及其真值表,从而确定该电路的逻辑功能。

(3) 组合逻辑电路设计过程是在理想情况下进行的,即假设一切元器件均没有延迟效应。但实际上并非如此，信号通过任何导线或元器件都需要一段响应时间，由于制造工艺上的原因，各元器件延迟时间的离散性很大，这就使得在一个组合逻辑电路中，输入信号发生变化时，有可能产生错误的输出。这种输出出现瞬时错误的现象称为组合逻辑电路的竞争冒险现象(简称险象)。本实验仅对组合逻辑冒险中的静态0型与1型冒险进行研究。

(4) 组合逻辑电路功能分析的一般步骤如下。

① 根据组合逻辑电路图写出逻辑函数表达式。

② 根据逻辑函数表达式列出真值表。

③ 根据真值表或者逻辑函数表达式分析组合逻辑电路的功能。

四、 实验内容

1. 线下实验方式

1) 与非门逻辑功能测试(74LS00)

74LS00是晶体管-晶体管逻辑(transistor-transistor logic，TTL)类型芯片，为四-二输入与非门，即在一片集成芯片内含有4个互相独立的二输入与非门。其引脚及内部逻辑功能如图3.1所示。与非门的逻辑功能为当输入端有一个或者一个以上是低电平时，输出端为高电平；当且仅当输入端全部为高电平时，输出端才为低电平，即“有0出1，全1出0”。

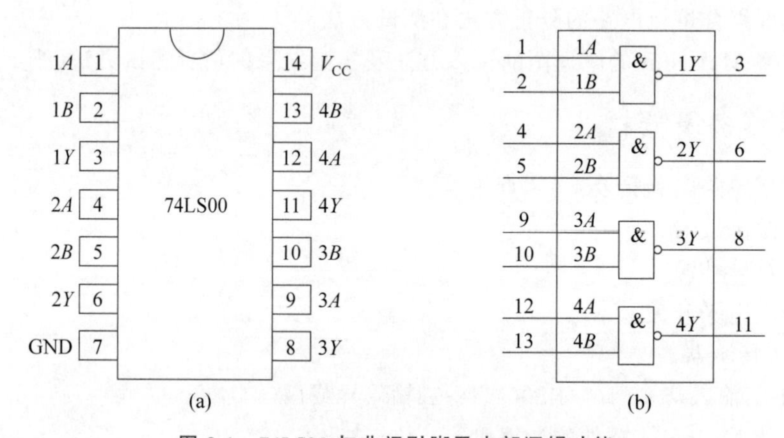

图3.1 74LS00与非门引脚及内部逻辑功能

(a)74LS00与非门引脚；(b)74LS00与非门内部逻辑功能

图3.1中，1、2、4、5、9、10、12、13为输入端；3、6、8、11为输出端；7为接地端；14为电源端。

任意选择74LS00其中一个与非门进行实验，假设选中输入端为1A (1)、1B(2)，输出端为1Y(3)。图3.2给出了其逻辑图。与非门的输出表达式为$Y=\overline{A \cdot B}$。输入端A和B分别连接数字电路实验箱上的逻辑开关，当开关向上拨时，输入为高电平，即H或二进制1；当开关向下拨时，输入为低电平，即L或二进制0。输出端连接发光二极管(light emitting diobe，LED)作为0-1指示器来显示与非门的输出状态。当0-1指示器亮时，表示与非门的输出状态为 1，又称高电平，用 H 表示；当 0-1 指示器不亮时，表示与非门的输出状态为 0，又称低电平，用 L 表示。

图 3.2 单个与非门逻辑图

首先按照表 3.1 的要求，改变输入端 A 和 B 的逻辑状态，分别测出输出端电平并填写。然后判断其逻辑功能，验证是否为“与非”逻辑。

表 3.1 与非逻辑

输 入 端		输 出 端	
A	**B**	**0-1 指示器**	**电平(H 或 L)**
0	0		
0	1		
1	0		
1	1		

2）异或门逻辑功能测试(CD4030)

CD4030 为四-二输入异或门，即在一片集成芯片内含有 4 个互相独立的二输入异或门。其引脚及内部逻辑功能如图 3.3 所示。异或门的逻辑功能为当两个输入端一个为高电平，另外一个输入端为低电平时或者两个输入端一个低高电平，另外一个输入端为高电平时，输出端才是高电平；当两个输入端输入全部都是低电平时或者输入全部都是高电平时，输出端为低电平，即“相异出 1，相同出 0”。

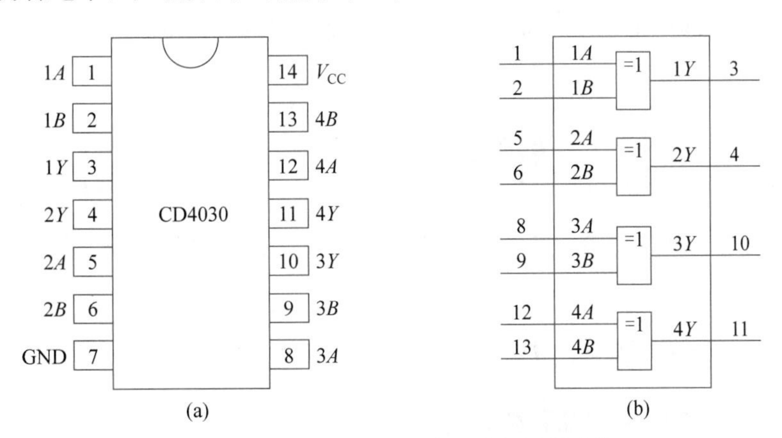

图 3.3 CD4030 异或门引脚及内部逻辑功能

(a)CD4030 异或门引脚；(b)CD4030 异或门内部逻辑功能

图 3.3 中，1、2、5、6、8、9、12、13 为输入端；3、4、10、11 为输出端；7 为接地端；14 为电源端。

任意选择 CD4030 其中一个异或门进行实验，假设选中输入端为 1A(1)、1B(2)，输出端为 1Y(3)。图 3.4 给出了其逻辑图。异或门的输出表达式为 $Y=A\oplus B=\overline{A}\cdot B+A\cdot\overline{B}$。输入端 A 和 B 分别连接数字电路实验箱上的逻辑开关，当开关向上拨时，输入为高电平，即 H 或二进制 1；当开关向下拨时，输入为低电平，即 L 或二进制 0。输出端连接发光二极管作为 0-1 指示器来显示异或门的输出状态。当 0-1 指示器亮时，表示异或门的输出状态为 1，用 H 表示；当 0-1 指示器不亮时，表示异或门的输出状态为 0，用 L 表示。

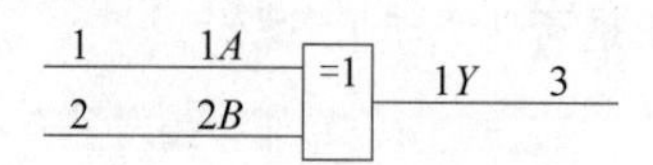

图 3.4　单个异或门逻辑图

首先按照表 3.2 的要求，改变输入端 A 和 B 的逻辑状态，分别测出输出端电平并填写。然后判断其逻辑功能，验证是否为“异或”逻辑。

表 3.2　与非逻辑

输入端		输出端	
A	**B**	**0-1 指示器**	**电平(H 或 L)**
0	0		
0	1		
1	0		
1	1		

3）半加器逻辑电路

(1) 分析测试由 74LS00 与非门组成的半加器的逻辑电路功能，如图 3.5 所示。

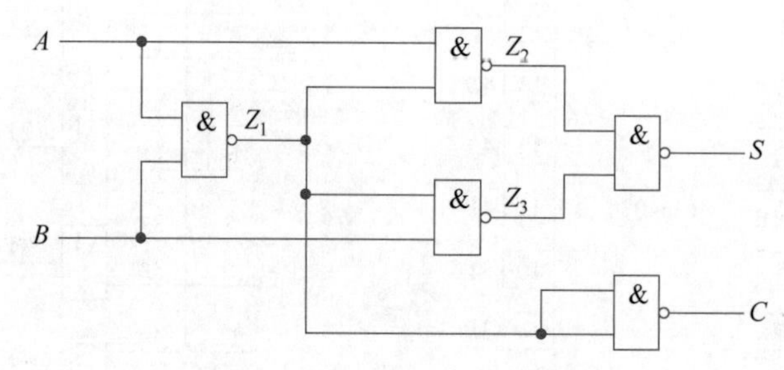

图 3.5　74LS00 与非门组成的半加器逻辑电路

① 写出图 3.5 对应的逻辑函数表达式。

$$Z_1=$$

$$Z_2=$$

$$Z_3=$$

$$S=$$

$$C=$$

② 根据逻辑函数表达式列出真值表，填写表 3.3。

表 3.3　真值表

A	B	Z_1	Z_2	Z_3	S	C
0	0					
0	1					
1	0					
1	1					

③ 根据真值表画出逻辑函数 S、C 的卡诺图并化简，如图 3.6 所示。

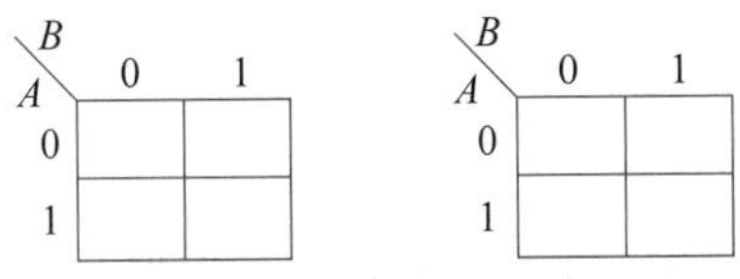

图 3.6　S 和 C 的卡诺图

④ 首先在数字电路实验箱上选定两个 14P 插座，插好两片 74LS00 与非门（注意芯片的凹槽对应插座上的凹槽），并按照图 3.5 所示接好导线，A、B 两个输入端分别接逻辑开关，Z_1、Z_2、Z_3、S 和 C 分别接 0-1 指示器。然后接通数字电路实验箱的电源，进行逻辑状态的测试，将测试结果填入表 3.4，并与表 3.3 的真值表进行比较，验证逻辑功能是否一致。

表 3.4　结果记录表

A	B	S	C
0	0		
0	1		
1	0		
1	1		

（2）分析、测试由 CD4030 异或门和 74LS00 与非门组成的半加器逻辑电路功能，如图 3.7 所示。

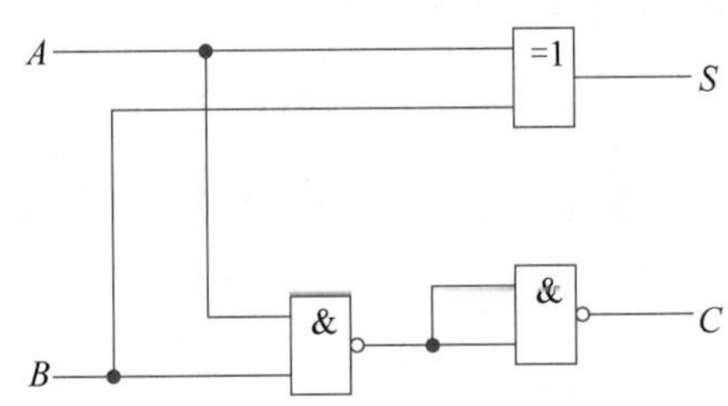

图 3.7　CD4030 异或门和 74LS00 与非门组成的半加器逻辑电路

首先在数字电路实验箱上选定两个14P插座，分别插好CD4030异或门和74LS00与非门（注意芯片的凹槽对应插座上的凹槽），并按照图3.7所示接好导线，A、B两个输入端分别接逻辑开关，S和C分别接0-1指示器。然后接通数字电路实验箱的电源，进行逻辑状态的测试，将测试结果填入表3.5，并与表3.4所示真值进行比较，验证两者逻辑功能是否一致。

表3.5　结果记录表

A	B	S	C
0	0		
0	1		
1	0		
1	1		

4）全加器逻辑电路

分析测试由74LS00与非门组成的全加器逻辑电路功能，如图3.8所示。

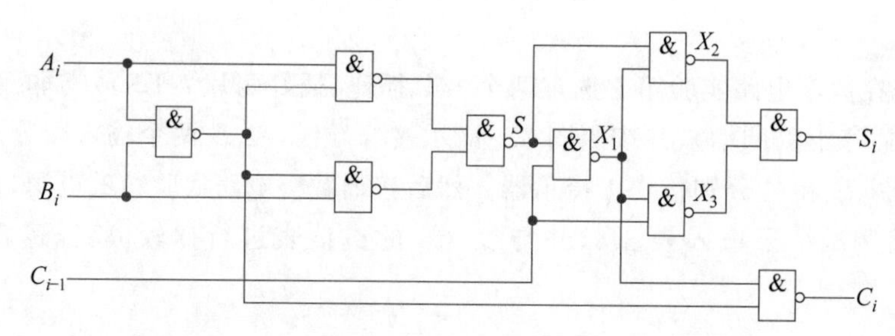

图3.8　74LS00与非门组成的全加器逻辑电路

① 写出图3.8对应的逻辑函数表达式。

$$S =$$

$$X_1 =$$

$$X_2 =$$

$$X_3 =$$

$$S_i =$$

$$C_i =$$

② 根据逻辑函数表达式列出真值表，填写表3.6。

表3.6　真值表

A_i	B_i	C_{i-1}	X_1	X_2	X_3	S_i	C_i
0	0	0					
0	0	1					
0	1	0					

续表

A_i	B_i	C_{i-1}	X_1	X_2	X_3	S_i	C_i
0	1	1					
1	0	0					
1	0	1					
1	1	0					
1	1	1					

③ 根据真值表画出逻辑函数 S_i、C_i 的卡诺图并化简，如图 3.9 所示。

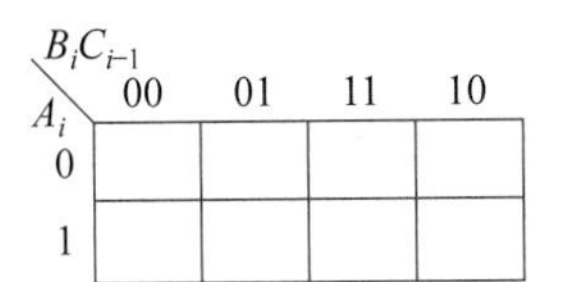

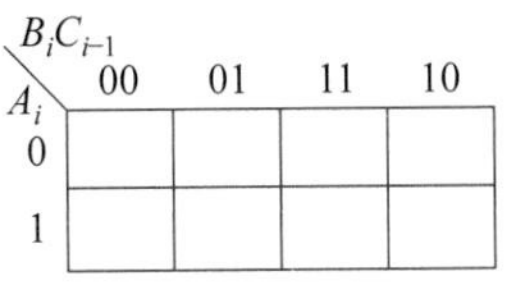

图 3.9　S_i 和 C_i 的卡诺图

④ 在实验箱上选定三个 14P 插座，插好三片 74LS00 与非门(注意芯片的凹槽对应插座上的凹槽)，并按照图 3.8 所示接好导线，A_i、B_i、C_{i-1} 三个输入端分别接逻辑开关，S_i 和 C_i 分别接 0-1 指示器。然后接通数字电路实验箱的电源，进行逻辑状态的测试，将测试结果填入表 3.7，并与表 3.6 的真值表进行比较，验证两者逻辑功能是否一致。

表 3.7　结果记录表

A_i	B_i	C_{i-1}	S_i	C_i
0	0	0		
0	0	1		
0	1	0		
0	1	1		
1	0	0		
1	0	1		
1	1	0		
1	1	1		

5) 观察竞争冒险现象

用一片 74LS00 与非门观察组合逻辑电路的竞争冒险现象。首先按照图 3.10 接线。当 $B=1$、$C=1$ 时，A 输入方波($f>1\text{MHz}$)。然后用示波器观察 Z 的输出波形并用添加校正项的方法消除竞争冒险现象。

2. 线上实验方式

(1) 与非门逻辑功能测试。首先将高、低电平(这里分别用+5V 和 GND 来实现)分

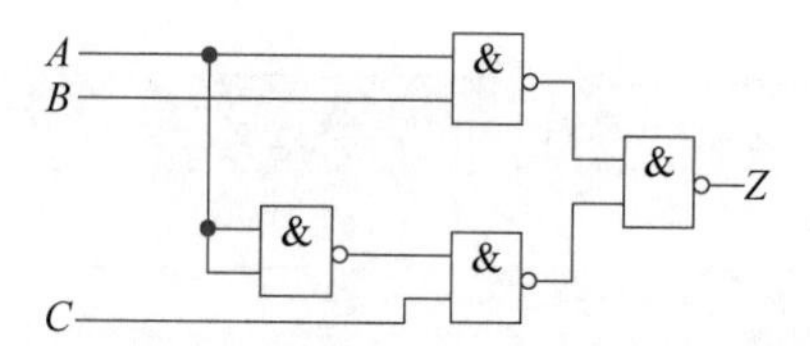

图 3.10　74LS00 与非门组成的竞争冒险实验逻辑电路

别和“单刀双掷开关”S_1 和 S_2 同一侧的两端相连，另一端和 74LS00 中的任意一个与非门相连。与非门的输出端接发光二极管，Multisim 元件中有多种颜色的发光二极管，实验者可以根据自己喜好进行选择。这里选择红色发光二极管，即如果与非门的输出端为高电平，则二极管发出红光，与非门逻辑功能测试 Multisim 仿真电路如图 3.11 所示。当输入为 4 种状态时，观察输出所接发光二极管的状态并进行记录。

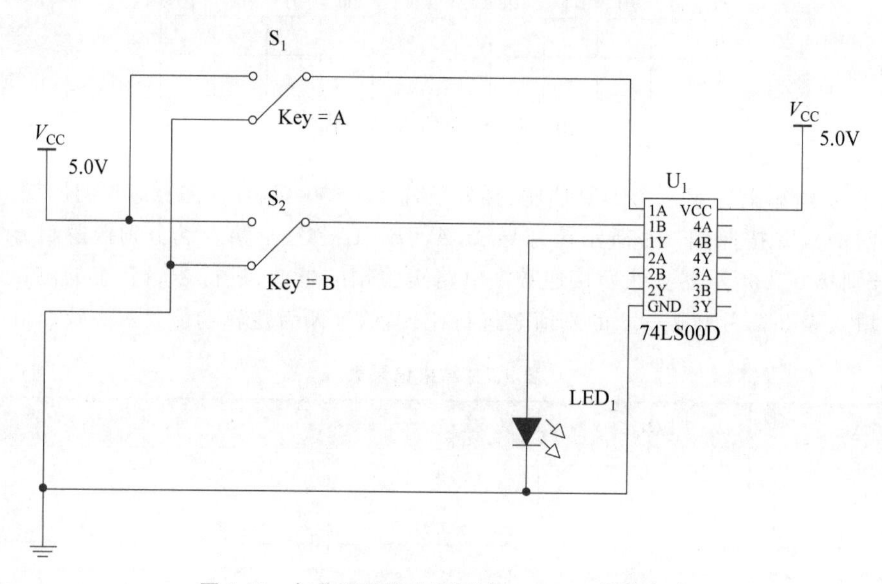

图 3.11　与非门逻辑功能测试 Multisim 仿真电路

(2) 分析测试由 74LS00 与非门组成的半加器的逻辑电路功能，其 Multisim 仿真电路如图 3.12 所示。按照线下实验方式 3)完成电路功能测试并进行记录。

(3) 其他电路测试方法按照线下实验方式进行仿真，过程类似，这里不再赘述。

五、 实验预习要求

(1) 简述 74LS00 和 CD4030 的逻辑功能、主要参数及其测试原理和方法。

(2) 复习组合逻辑电路的分析方法。

(3) 复习用与非门和异或门等构成半加器、全加器的工作原理。

(4) 复习组合电路现象的种类、产生原因及防止方法。

(5) 根据实验要求设计好必要的线路。

(6) 熟悉 Multisim 软件原理图输入方法及电路编译、仿真方法。

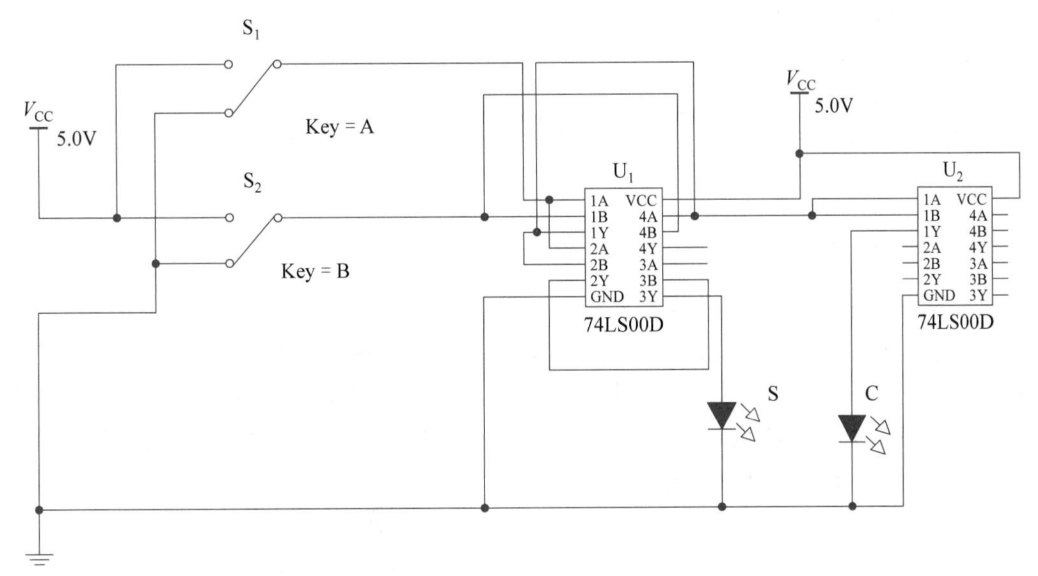

图 3.12 74LS00 与非门组成的半加器 Multisim 仿真电路

六、 实验报告

按照实验目的、实验原理、实验设备、实验内容、实验数据、实验总结撰写实验报告，具体要求如下。

(1) 整理实验数据、图表，对实验结果进行分析讨论。

(2) 总结组合逻辑电路的分析与测试方法。

(3) 对冒险竞争现象进行讨论。

七、 问题思考与练习

(1) 双列直插式数字集成电路芯片引脚编号排列有什么规律？

(2) 集成电路芯片的电源电压的使用范围是多少？实验室通常要求接多少伏的电源？

实验二 组合逻辑电路的设计与测试

一、 实验目的

(1) 掌握本实验所用门电路逻辑功能的检测方法。

(2) 掌握组合逻辑电路的一般设计方法和测试方法。

(3) 掌握 Multisim 的原理图输入方法及实验结果仿真测试方法(线上)。

二、 实验设备及器材

(1) 数字电路实验箱及+5V 直流电源。

(2) 双踪示波器。

(3) 逻辑电平开关。

(4) 0-1 指示器。

(5) 蜂鸣器。

(6) 四-二输入与非门(74LS00)、三个双四输入与非门(74LS20)。

(7) 安装 Multisim 软件的计算机。

三、 实验原理

1. 组合逻辑电路设计的定义和一般步骤

一般情况下逻辑电路可以分为组合逻辑电路和时序逻辑电路两大类。在任何时刻,输出状态只决定于同一时刻各输入状态的组合,而与先前的状态无关的逻辑电路称为组合逻辑电路。组合逻辑电路设计就是根据给出的实际逻辑任务要求或者逻辑问题,求出实现这一逻辑功能最简的逻辑电路。

组合逻辑电路设计的一般步骤如下。

(1) 进行逻辑抽象。根据设计任务要求进行逻辑抽象,确定输入变量和输出变量,并对各个逻辑变量进行逻辑赋值。

(2) 根据输入变量和输出变量的关系列出逻辑变量的真值表。

(3) 根据真值表列出逻辑函数表达式。

(4) 利用卡诺图或者代数化简法求出最简逻辑函数表达式以便获得最简设计结果;如果对所用元器件的种类有额外的限制,还应将函数表达式转换为与元器件种类相适应的形式。

(5) 画逻辑电路图。根据化简或转换后的逻辑函数表达式,画出用选定的元器件构成的电路图。

(6) 用实验来验证设计的正确性。实验时,首先应根据所设计的逻辑电路图选用标准元器件构成逻辑电路,然后验证设计的正确性。

2. 组合逻辑电路设计举例

设计一个监测交通信号灯工作状态的组合逻辑电路,要求仅用与非门实现。

下面给出求解的具体步骤。

(1) 取红、黄、绿三种颜色灯的状态为输入变量,分别用 A、B、C 表示。规定灯亮为 1,灯不亮为 0。取故障信号为输出变量,用 Y 表示。规定正常工作状态下,A、B、C 中只有一个灯亮,Y 为 0;发生故障时,Y 为 1。

(2) 根据题意写出真值表,如表 3.8 所示。

表 3.8 真值表

A	B	C	Y
0	0	0	1
0	0	1	0
0	1	0	0
0	1	1	1

续表

A	B	C	Y
1	0	0	0
1	0	1	1
1	1	0	1
1	1	1	1

(3) 根据真值表写出逻辑函数表达式

$$Y=\overline{A}\overline{B}\overline{C}+\overline{A}BC+A\overline{B}C+AB\overline{C}+ABC \tag{3-1}$$

(4) 利用卡诺图化简,如图 3.13 所示。

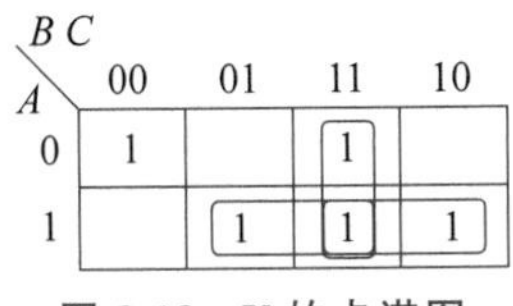

图 3.13 Y 的卡诺图

简化结果为

$$Y=\overline{A}\overline{B}\overline{C}+AC+AB+BC \tag{3-2}$$

根据题目要求用与非门来实现,需要将化简后的逻辑函数表达式转换为"与非"式

$$Y=\overline{\overline{\overline{A}\overline{B}\overline{C}+AC+AB+BC}}=\overline{\overline{\overline{A}\overline{B}\overline{C}}\cdot\overline{AC}\cdot\overline{AB}\cdot\overline{BC}} \tag{3-3}$$

(5) 根据逻辑函数表达式,画出用与非门构成的逻辑电路图,如图 3.14 所示。

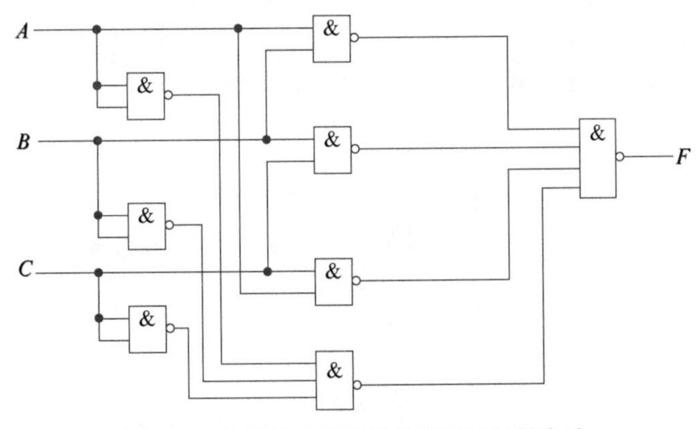

图 3.14 交通信号灯工作状态监测逻辑电路

四、 实验内容

1. 线下实验方式

1) 设计一个监视交通信号灯工作状态的监测电路,要求利用 74LS20 实现

(1) 首先对 74LS20 芯片功能进行检测。74LS20 是双四输入与非门,即在一片集成

芯片内含两个互相独立的四输入与非门。其引脚及内部逻辑功能如图 3.15 所示。

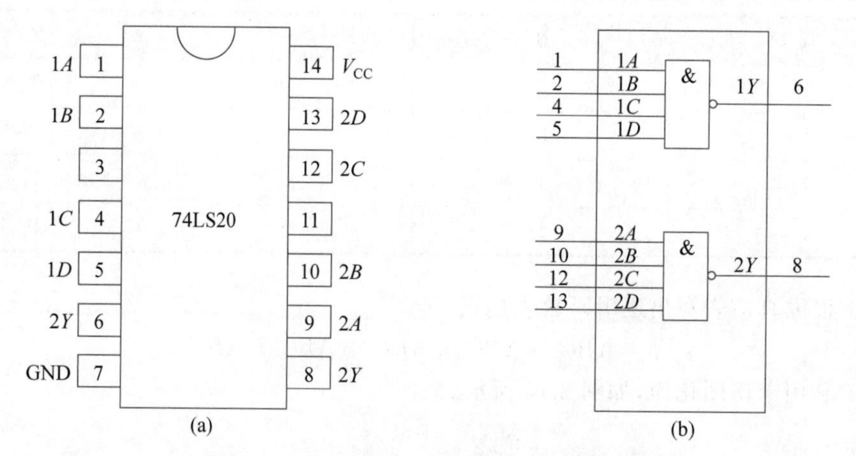

图 3.15　74LS20 与非门引脚及内部逻辑功能

(a)74LS20 与非门引脚；(b)74LS20 与非门内部逻辑功能

图 3.15 中，1、2、4、5、9、10、12、13 为输入端；6、8 为输出端；7 为接地端；14 为电源端；3、11 为空脚。

74LS20 与非门功能检测方法。可以通过对输入信号 0111、1011、1101、1110、1111 进行检测，观察输出信号是否为 1、1、1、1、0，即可判断其“与非”逻辑功能是否正常(全 1 出 0，有 0 出 1)。

检测步骤如下。在数字电路实验箱实验面板上的适当位置选定三个 14P 插座，根据芯片凹槽位置的朝向插好芯片。按照图 3.16 接线，并将输入端 A、B、C、D 接数字实验面板上的逻辑电平开关的任意 4 个(开关拨上为 1，LED 亮；开关拨下为 0，LED 灭)。输出端接 0-1 指示器插口的任意一个(LED 亮表示输出为 1，LED 灭表示输出为 0)。接通数字电路实验箱的电源，进行逻辑功能检测，将检测结果填入表 3.9。

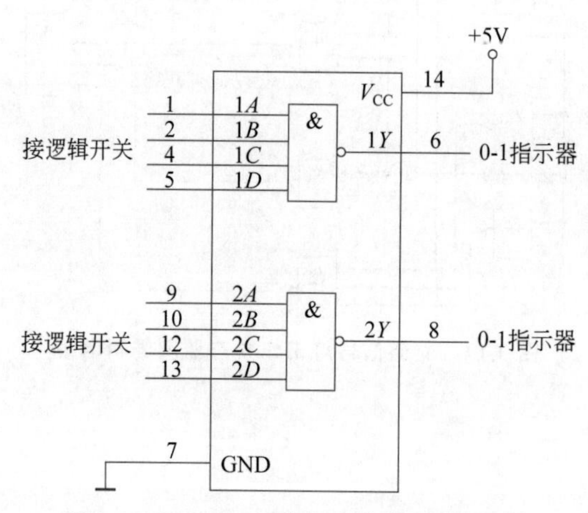

图 3.16　74LS20 与非门功能检测逻辑电路

表 3.9　74LS20 与非门功能检测结果记录表

输　　入				输　　出
1*A*	1*B*	1*C*	1*D*	1*Y*
0	1	1	1	
1	0	1	1	
1	1	0	1	
1	1	1	0	
1	1	1	1	
输　　入				输　　出
2*A*	2*B*	2*C*	2*D*	2*Y*
0	1	1	1	
1	0	1	1	
1	1	0	1	
1	1	1	0	
1	1	1	1	

注意：实验用的三片 74LS20 中的 6 个与非门要全部进行检测。如果发现芯片功能异常，则要及时更换芯片，以保证后面实验的顺利进行。

(2) 交通信号灯工作状态监测电路设计检测。按照图 3.14 进行接线。将输入端 *A*、*B*、*C* 分别接入逻辑电平开关的任意 3 个插口上，输出端 *Y* 接在 0-1 指示器上。拨动逻辑电平开关进行输入，开关拨上为 1，LED 亮；开关拨下为 0，LED 灭。输出端 *Y* 驱动 LED 亮为 1，不亮则为 0。进行逻辑功能测试，将实验结果填入表 3.10。

表 3.10　交通灯工作状态检测电路测试结果记录表

输　　入			输　　出
A	*B*	*C*	*F*
0	0	0	
0	0	1	
0	1	0	
0	1	1	
1	0	0	
1	0	1	
1	1	0	
1	1	1	

注意：实验过程中，测得的8组逻辑值必须全部正确，否则，需要检查电路接线是否正确或者芯片功能是否正常，然后重新测试。

2）设计一个四人无弃权表决电路

（1）多数赞成则提案通过，即有三人或四人同意，则提案通过。本设计要求用四组二端输入与非门实现，其设计步骤如下。

① 设A、B、C、D代表四个人的投票结果，赞成为1，不赞成为0；F为表决结果，当有三人或者四人赞成时提案通过，F为1，否则F为0。根据题意列出真值表，如表3.11所示。

表3.11　真值表

A	B	C	D	F
0	0	0	0	0
0	0	0	1	0
0	0	1	0	0
0	0	1	1	0
0	1	0	0	0
0	1	0	1	0
0	1	1	0	0
0	1	1	1	1
1	0	0	0	0
1	0	0	1	0
1	0	1	0	0
1	0	1	1	1
1	1	0	0	0
1	1	0	1	1
1	1	1	0	1
1	1	1	1	1

② 根据真值表列出逻辑函数表达式

$$F=\bar{A}BCD+A\bar{B}CD+AB\bar{C}D+ABC\bar{D}+ABCD \tag{3-4}$$

③ 利用卡诺图进行化简，如图3.17所示。

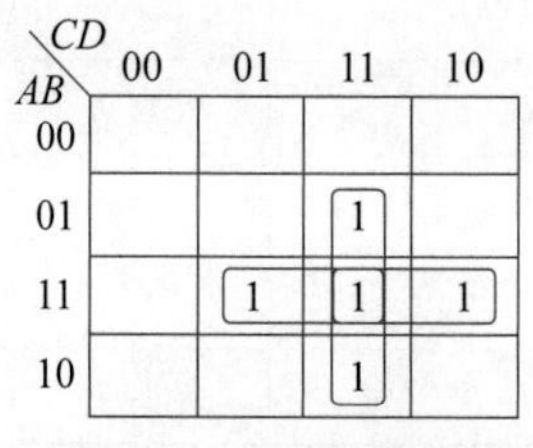

图3.17　F的卡诺图

简化结果为

$$F = BCD + ACD + ABD + ABC \tag{3-5}$$

根据题目要求用与非门来实现,需要将化简后的逻辑函数表达式转换为"与非"式

$$F = \overline{\overline{BCD} \cdot \overline{ACD} \cdot \overline{ABD} \cdot \overline{ABC}} \tag{3-6}$$

④ 根据表达式,画出由与非门构成的四人表决逻辑电路图,如图 3.18 所示。

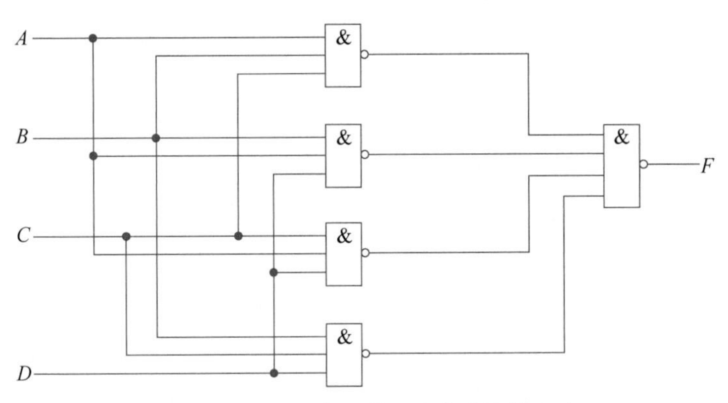

图 3.18 与非门构成的四人表决逻辑电路

(2) 四人表决电路功能检测。芯片 74LS20 功能检测参照线下实验方式 1) 中对 74LS20 功能的检测。要求对三片芯片中的 6 个与非门全部进行检测,若发现功能异常,则应立刻更换芯片。

按照图 3.18 连接好电路,将输入端 A、B、C、D 分别接入逻辑电平开关的任意 4 个插口上,输出端 F 接在 0-1 指示器上。拨动逻辑电平开关进行输入,开关拨上为 1,LED 亮;开关拨下为 0,LED 灭。输出端 Y 驱动 LED 亮为 1,不亮则为 0。按照表 3.12 进行测试,并将实验结果记录在表中。

表 3.12 四人表决电路测试结果记录表

A	B	C	D	F
0	0	0	0	
0	0	0	1	
0	0	1	0	
0	0	1	1	
0	1	0	0	
0	1	0	1	
0	1	1	0	
0	1	1	1	
1	0	0	0	
1	0	0	1	

续表

A	B	C	D	F
1	0	1	0	
1	0	1	1	
1	1	0	0	
1	1	0	1	
1	1	1	0	
1	1	1	1	

3）设计一个保险箱的数字密码锁(选做)

设计一个保险箱的数字密码锁，规定该锁有 A、B、C、D 四个代码的输入端和一个开箱钥匙孔信号 E 的输入端，锁的代码由实验者自行编写(例如，1001)。当用钥匙开箱时($E=1$)，如果代码符合该锁设定的代码，保险箱被打开($Z_1=1$)，如果不符合，电路将发出报警信号($Z_2=1$)。要求用最少的与非门来实现，检测并记录实验结果(提示：实验时锁被打开，用实验箱上的继电器吸合与发光二极管点亮表示；在未按规定按下开关时，防盗蜂鸣器响)。

2. 线下实验方式

(1) 根据组合逻辑电路的设计步骤，完成对交通信号灯工作状态监测电路的设计。交通信号灯工作状态监测的 Multisim 仿真电路如图 3.19 所示。按照线下实验方式 1)完成对交通信号灯工作状态监测电路设计的逻辑功能测试。

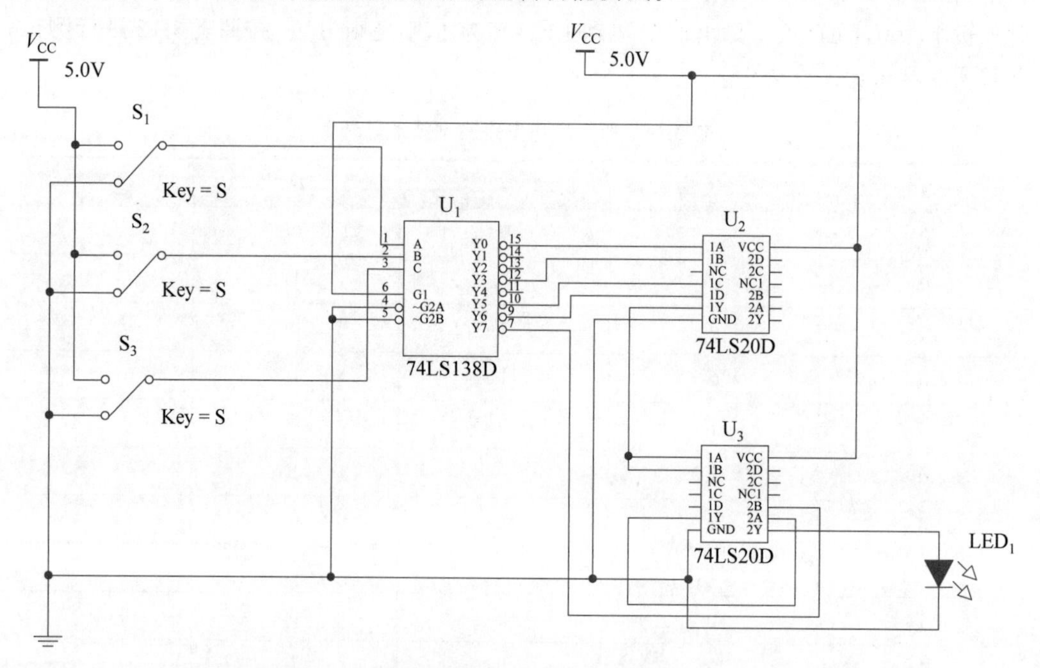

图 3.19　交通信号灯工作状态监测的 Multisim 仿真电路

图 3.19 中的 Multisim 仿真电路在构建过程中需要注意以下几点。

① 利用三个单刀双掷开关 S_1、S_2、S_3 接高低电平来仿真实现红、黄、绿三种颜色交通信号灯的灯亮和灯灭。

② 需要两块 74LS00 和一块 74LS20 芯片，三个芯片的 V_{CC} 统一接 5V 电源，GND 统一接地。

③ 74LS20 中用到了第一个四输入与非门的三个输入端 1A、1B 和 1C，剩余一个 1D 输入端，切记要接高电平即 V_{CC}，防止 1D 悬空带来的干扰。

(2) 根据组合逻辑电路的设计步骤，完成四人无弃权电路的设计。四人表决无弃权 Multisim 仿真逻辑电路图如图 3.20 所示。按照线下实验方式 2)完成对四人表决无弃权电路设计的逻辑功能测试。

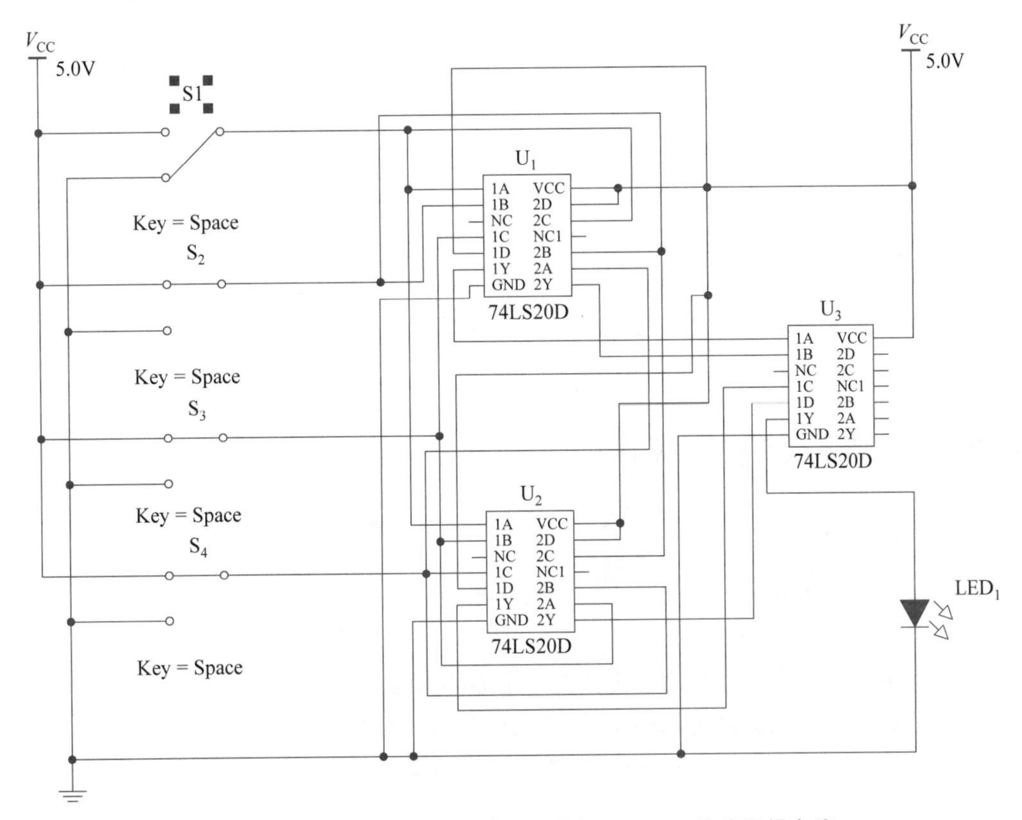

图 3.20 与非门构成的四人表决无弃权 Multisim 仿真逻辑电路

图 3.20 中的 Multisim 仿真逻辑电路在构建过程中需要注意以下几点。

① 利用四个单刀双掷开关 S_1、S_2、S_3、S_4 接高低电平来仿真实现四人表决的结果。

② 需要三块 74LS20 芯片，三个芯片的 V_{CC} 统一接 5V 电源，GND 统一接地。

③ 74LS20 中用到了第一个四输入与非门的三个输入端 1A、1B 和 1C，剩余一个 1D 输入端，切记要接高电平即 V_{CC}，防止 1D 悬空带来的干扰。如果第二个与非门四个输入端都未使用，则不需要处理(如 U_3 的第二个与非门四输入端都虚空即可)。

(3) 其他电路测试方法按照线下实验内容进行仿真，过程类似，这里不再赘述。

五、 实验预习要求

(1) 简述 74LS20 的逻辑功能、主要参数及其测试原理和方法。

(2) 复习组合逻辑电路的设计方法。

(3) 复习用与非门构成非门的工作原理。

(4) 根据实验要求设计好必要的线路。

(5) 熟悉 Multisim 软件原理图输入方法及电路编译、仿真方法。

六、 实验报告

按照实验目的、实验原理、实验设备、实验内容、实验数据、实验总结撰写实验报告，具体要求如下。

(1) 写出实验电路的设计过程。

(2) 画出实验电路的逻辑电路图。

(3) 整理实验测试结果。

(4) 总结组合逻辑电路的设计与测试方法。

七、 问题思考与练习

(1) 根据逻辑电路图画出各个实验电路的接线图。

(2) 在实验过程中，对芯片的闲置端应如何处理？

实验三　译码器及其应用

一、 实验目的

(1) 掌握中规模集成译码器的逻辑功能和使用方法。

(2) 掌握使用二进制译码器实现组合逻辑函数的方法。

(3) 理解使用二进制译码器作为数据分配器的方法。

(4) 掌握显示译码器的逻辑功能，熟悉数码管的使用方法。

(5) 掌握 Multisim 的原理图输入方法及实验结果仿真测试方法(线上)。

二、 实验设备与器件

(1) 数字电路实验箱及＋5V 直流电源。

(2) 双踪示波器。

(3) 逻辑电平开关。

(4) 0-1 指示器。

(5) 译码显示器。

(6) 集成芯片 74LS138×2、CD4511、74LS20×2。

(7) 安装 Multisim 软件的计算机。

三、 实验原理

1. 译码器是一个多输入、多输出的组合逻辑电路

译码器的作用是把给定的代码“翻译”成相应的状态，使输出通道中相应的一路有信号输出。译码器在数字系统中有广泛的用途，不仅可以用于代码转换、终端的数字显示，还可以用于数据分配，存储器寻址和组合控制信号等。可以根据不同的功能选用不同种类的译码器。

2. 译码器可以分为通用译码器和显示译码器两大类

通用译码器可以分为变量译码器和代码交换译码器。变量译码器（又称二进制译码器）用来表示输入变量的状态，如 2 线-4 线译码器、3 线-8 线译码器和 4 线-16 线译码器。若有 n 个输入变量，则有 2^n 个不同组合状态，就有 2^n 个输出端供其使用。而每一个输出所代表的函数对应于 n 个输入变量的最小项或最小项的非。以二进制译码器 3 线-8 线译码器（简称 3-8 译码器）74LS138 为例进行分析。

（1）74LS138 的芯片引脚排列及逻辑符号如图 3.21 所示。

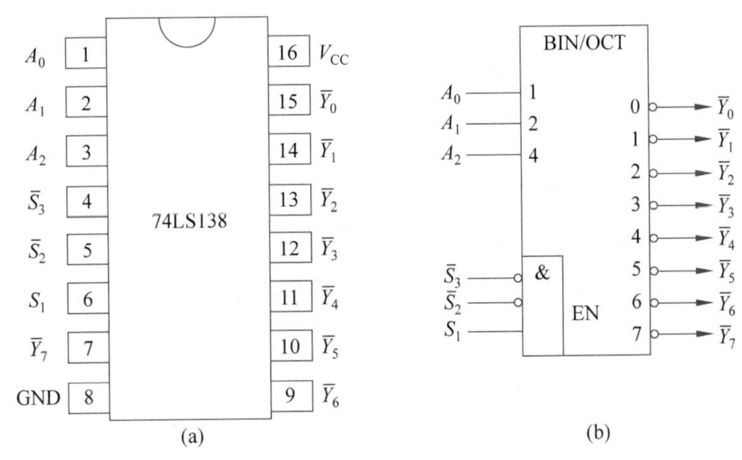

图 3.21 74LS138 的芯片引脚排列及逻辑符号

(a)74LS138 的芯片引脚排列；(b)74LS138 的逻辑符号

（2）74LS138 有 3 个代码输入端，8 个译码输出端，故称为 3 线-8 线译码器，其功能如表 3.13 所示。

表 3.13 74LS138 二进制译码器功能

序号	输入					输出							
	S_1	$\bar{S}_2+\bar{S}_3$	A_0	A_1	A_2	$\bar{Y}_0$	$\bar{Y}_1$	$\bar{Y}_2$	$\bar{Y}_3$	$\bar{Y}_4$	$\bar{Y}_5$	$\bar{Y}_6$	$\bar{Y}_7$
0	1	0	0	0	0	0	1	1	1	1	1	1	1
1	1	0	1	0	0	1	0	1	1	1	1	1	1
2	1	0	0	1	0	1	1	0	1	1	1	1	1

续表

序号	输入					输出							
	S_1	$\bar{S}_2+\bar{S}_3$	A_0	A_1	A_2	$\bar{Y}_0$	$\bar{Y}_1$	$\bar{Y}_2$	$\bar{Y}_3$	$\bar{Y}_4$	$\bar{Y}_5$	$\bar{Y}_6$	$\bar{Y}_7$
3	1	0	1	1	0	1	1	1	0	1	1	1	1
4	1	0	0	0	1	1	1	1	1	0	1	1	1
5	1	0	1	0	1	1	1	1	1	1	0	1	1
6	1	0	0	1	1	1	1	1	1	1	1	0	1
7	1	0	1	1	1	1	1	1	1	1	1	1	0
禁止	0	×	×	×	×	1	1	1	1	1	1	1	1
	×	1	×	×	×	1	1	1	1	1	1	1	1

$A_0 \sim A_2$ 为代码输入端，$\bar{Y}_0 \sim \bar{Y}_7$ 为译码输出端，S_1、$\bar{S}_2$、$\bar{S}_3$ 为使能端。当 $S_1=0$、$\bar{S}_2$ 和 $\bar{S}_3$ 任意，或 $\bar{S}_2+\bar{S}_3=1$、S_1 任意时，译码器被禁止，输出端全部为高电平；只有当 $S_1=1$、$\bar{S}_2+\bar{S}_3=0$ 时，译码器使能，才会使输入二进制代码所指定的输出端有低电平输出，表示“译中”，而其他输出端则全部为高电平。

(3) 将二进制译码器 74LS138 作为数据分配器。

利用使能端中的一个输入端输入数据信息，二进制译码器就成为数据分配器(又称多路分配器)。

若在 S_1 端输入数据信息，须使 $\bar{S}_2=\bar{S}_3=0$，如图 3.22(a)所示，则地址码所对应的输出是 S_1 端数据信息的反码。若从 $\bar{S}_3$ 端输入数据信息，须令 $S_1=0$、$\bar{S}_2=0$，则地址码所对应的输出是 $\bar{S}_3$ 端的数据信息的原码，如图 3.22(b)所示。若数据信息是时钟脉冲，则数据分配器便成为时钟脉冲分配器。

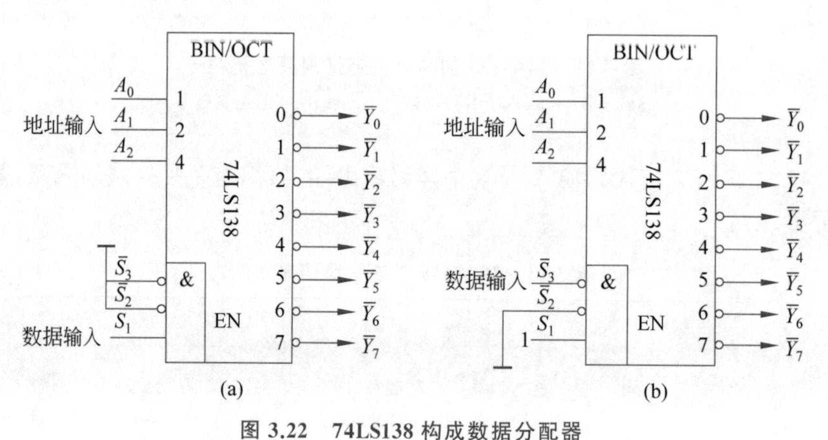

图 3.22　74LS138 构成数据分配器

(a)S_1 端输入数据；(b)$\bar{S}_3$ 端输入数据

(4) 二进制译码器 74LS138 实现组合逻辑函数。

因为二进制译码器的每一个输出对应最小项或最小项的非，全部输出提供了关于地址变量的全部最小项或最小项的非，而任何一个逻辑函数都有一个唯一的最小项表达式，所以用二进制译码器可以实现组合逻辑函数。

例如，用 74LS138 译码器实现组合逻辑函数 $F=AB+\overline{A}\overline{B}$ 的求解步骤如下。

① 利用添项法将逻辑函数表达式变换为标准的与或式。

解：

$$\begin{aligned} F &= AB+\overline{A}\overline{B} \\ &= AB(C+\overline{C})+\overline{A}\overline{B}(C+\overline{C}) \\ &= \overline{A}\overline{B}\overline{C}+\overline{A}\overline{B}C+AB\overline{C}+ABC \end{aligned}$$

② 因为二进制译码器 74LS138 的输出表达式为 $\overline{Y}_i=\overline{m}_i(i=0,1,2,\cdots,7)$，所以令 $ABC=A_2A_1A_0$ 可得

$$\begin{aligned} F &= m_0+m_1+m_6+m_7 \\ &= \overline{\overline{m}_0\cdot\overline{m}_1\cdot\overline{m}_6\cdot\overline{m}_7} \\ &= \overline{\overline{Y}_0\cdot\overline{Y}_1\cdot\overline{Y}_6\cdot\overline{Y}_7} \end{aligned}$$

③ 令 $S_1=1,\overline{S}_2=\overline{S}_3=0$，画出接线图，如图 3.23 所示。

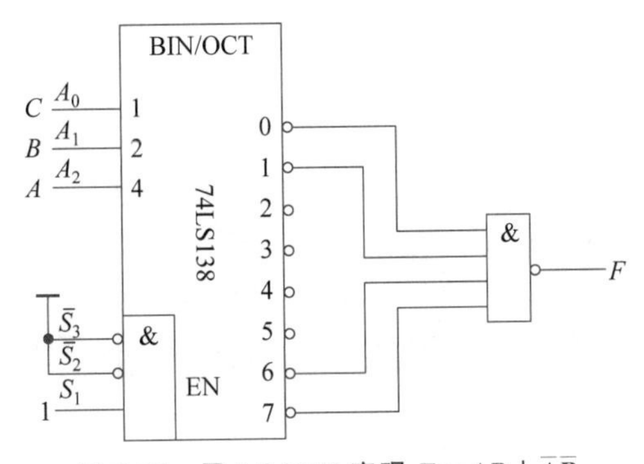

图 3.23　用 74LS138 实现 $F=AB+\overline{A}\overline{B}$

3. 数码显示译码器

1）七段 LED 数码管

半导体数码管的 7 个发光段是 7 个条状的 LED。LED 数码管是目前最常用的数字显示器，按照内部接法的不同可分为两种。一种是 LED 共用一个阳极，称为共阳极电路，当 LED 的阴极接低电平时，则该段亮，接高电平时则灭；另一种是 7 个 LED 共用一个阴极，称为共阴极电路，当 LED 阳极接高电平时，则该段亮，接低电平时则灭。两种 LED 数码管的应用如图 3.24 所示。一个数码管可用来显示 0～9 十进制数的一位，LED 数码管要显示 BCD 码所表示的十进制数字就需要有　个专门的译码器，该译码器不但要完成译码功能，还要有相当的驱动能力。

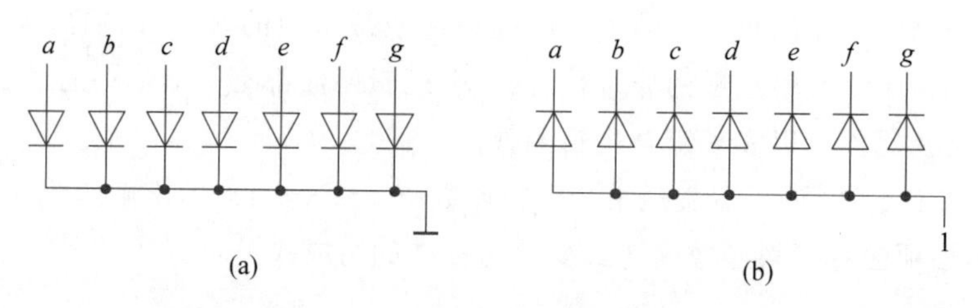

图 3.24　两种 LED 数码管的应用

(a)共阴连接,阳极加高电平字段亮;(b)共阳连接,阴极加低电平字段亮

2) BCD 码七段显示译码驱动器

本实验采用 CD4511 芯片驱动,这是一种具有锁存、译码、驱动功能的 BCD 码七段显示译码器驱动器。CD4511 输出 1 有效,用于驱动共阴极 LED 数码管,它能将输入的 8421 码译成驱动共阴极 LED 数码管显示相应十进制数 0～9 字形的输出高电平信号,以驱动共阴极 LED 数码管相应发光段点亮。CD4511 还有拒绝伪码的功能,当输入代码为 1010～1111 时,输出全为 0,从而驱使共阴极 LED 数码管熄灭。CD4511 的功能如表 3.14 所示。其引脚排列及逻辑符号如图 3.25 所示。

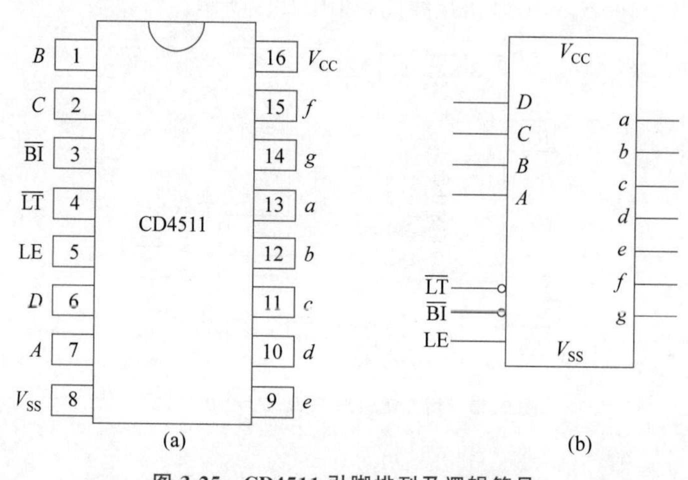

图 3.25　CD4511 引脚排列及逻辑符号

(a)CD4511 引脚排列;(b)CD4511 逻辑符号

图 3.25(b)中 A、B、C、D 为 BCD 码输入端;a、b、c、d、e、f、g 为译码输出端,输出 1 有效,用来驱动共阴极 LED 数码管;$\overline{LT}$为调试输入端,$\overline{LT}$=0 时,译码输出全为 1;$\overline{BI}$为消隐输入端,$\overline{BI}$=0 时,译码输出全为 0;LE 为锁定端,LE=1 时,译码器处于锁定状态,译码输出保持在 LE=0 时的数值,LE=0 时正常译码。

在本数字电路实验箱上已经完成了译码器 CD4511 和 LED 数码管之间的连接。控制端也已经连接好,实验时只要接通+5V 电源和将十进制数的 BCD 码接至译码器的相应输入端 A、B、C、D,将 LED 数码管公共端接地即可显示 0～9 的数字。CD4511 与共阴极 LED 数码管的连接如图 3.26 所示。

表 3.14 CD4511 显示译码器功能

输入				输出							
LE	$\overline{BI}$	$\overline{LT}$	$A_3A_2A_1A_0$	*a*	*b*	*c*	*d*	*e*	*f*	*g*	显示字形
×	×	0	××××	1	1	1	1	1	1	0	8
×	0	1	××××	0	0	0	0	0	0	0	灭灯
0	1	1	0 0 0 0	1	1	1	1	1	1	0	0
0	1	1	0 0 0 1	0	1	1	0	0	0	0	1
0	1	1	0 0 1 0	1	1	0	1	1	0	1	2
0	1	1	0 0 1 1	1	1	1	1	0	0	1	3
0	1	1	0 1 0 0	0	1	1	0	0	1	1	4
0	1	1	0 1 0 1	1	0	1	1	0	1	1	5
0	1	1	0 1 1 0	0	0	1	1	1	1	1	6
0	1	1	0 1 1 1	1	1	1	0	0	0	0	7
0	1	1	1 0 0 0	1	1	1	1	1	1	1	8
0	1	1	1 0 0 1	1	1	1	0	0	1	1	9
0	1	1	1 0 1 0	0	0	0	0	0	0	0	灭灯
0	1	1	1 0 1 1	0	0	0	0	0	0	0	灭灯
0	1	1	1 1 0 0	0	0	0	0	0	0	0	灭灯
0	1	1	1 1 0 1	0	0	0	0	0	0	0	灭灯
0	1	1	1 1 1 0	0	0	0	0	0	0	0	灭灯
0	1	1	1 1 1 1	0	0	0	0	0	0	0	灭灯
1	1	1	××××	锁存							锁存

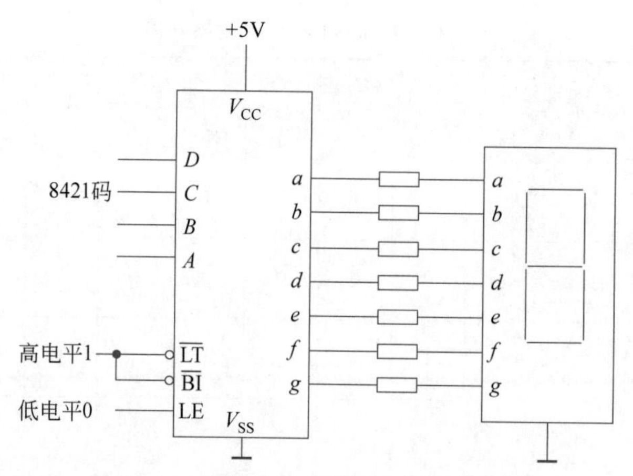

图 3.26 CD4511 驱动共阴极 LED 数码管

四、 实验内容

1. 线下实验方式

1）逻辑电平开关的使用

将数字电路实验箱中逻辑电平开关的输出分别接至驱动器 CD4511 的对应输入端 A、B、C、D，通过开关输出高、低电平的组合提供 8421 码。将 LED 数码管接地端接地，LE、$\overline{\text{LT}}$、$\overline{\text{BI}}$接至三个逻辑开关的输出插口，接上＋5V 电源。通过拨动逻辑开关，改变 8421BCD 码的数值，观察 LED 数码管是否同步显示 0～9 字形，将测试结果记录在表 3.15 中。

表 3.15 CD4511 驱动 LED 数码管显示 0～9 字形的逻辑功能测试结果记录表

输入				输出							
LE	$\overline{\text{BI}}$	$\overline{\text{LT}}$	$A_3A_2A_1A_0$	*a*	*b*	*c*	*d*	*e*	*f*	*g*	显示字形
0	1	1	0 0 0 0								
0	1	1	0 0 0 1								
0	1	1	0 0 1 0								
0	1	1	0 0 1 1								
0	1	1	0 1 0 0								
0	1	1	0 1 0 1								
0	1	1	0 1 1 0								
0	1	1	0 1 1 1								
0	1	1	1 0 0 0								
0	1	1	1 0 0 1								

2）74LS138 译码器逻辑功能测试

在数字电路实验箱的实验面板上适当位置选定一个 16P 插座，根据芯片凹槽位置的朝向插好芯片。按照图 3.27 接线，将译码器的使能端 S_1、$\overline{S}_2$、$\overline{S}_3$ 及地址端 A_2、A_1、A_0 分别接至逻辑电平开关插口，8个输出端 $\overline{Y}_0 \sim \overline{Y}_7$ 依次连接0-1指示器的8个插口上，拨动逻辑电平开关，使 $S_1=1$、$\overline{S}_2=\overline{S}_3=0$，按照表3.16测试74LS138的逻辑功能。

表3.16 74LS138译码器译码功能测试结果记录表

地址			译码输出							
A_2	A_1	A_0	$\overline{Y}_0$	$\overline{Y}_1$	$\overline{Y}_2$	$\overline{Y}_3$	$\overline{Y}_4$	$\overline{Y}_5$	$\overline{Y}_6$	$\overline{Y}_7$
0	0	0								
0	0	1								
0	1	0								
0	1	1								
1	0	0								
1	0	1								
1	1	0								
1	1	1								

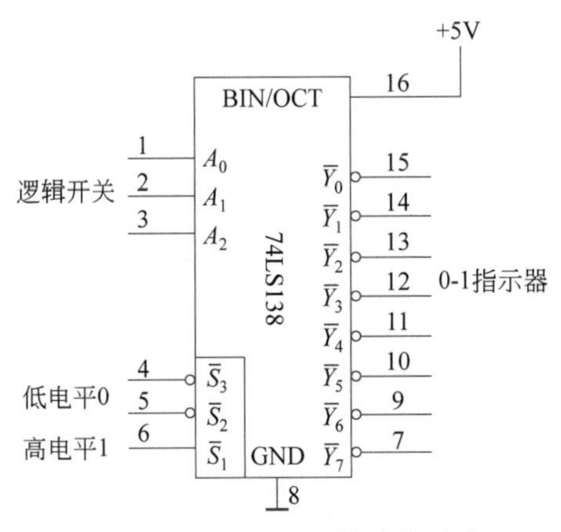

图3.27 74LS138逻辑功能测试

3）用74LS138实现组合逻辑函数

（1）用74LS138实现交通信号灯工作状态监测电路。

实验方法参照本章实验二，实验中使用74LS138芯片并对芯片进行功能测试。交通信号灯工作状态监测电路的逻辑函数表达式为

$$
\begin{aligned}
Y &= \overline{A}\overline{B}\overline{C} + \overline{A}BC + A\overline{B}C + AB\overline{C} + ABC \\
&= m_0 + m_3 + m_5 + m_6 + m_7 \\
&= \overline{\overline{m}_0 \cdot \overline{m}_3 \cdot \overline{m}_5 \cdot \overline{m}_6 \cdot \overline{m}_7} \\
&= \overline{\overline{\overline{m}_0 \cdot \overline{m}_3 \cdot \overline{m}_5 \cdot \overline{m}_6 \cdot \overline{m}_7}} \\
&= \overline{\overline{Y}_0 \cdot \overline{Y}_3 \cdot \overline{Y}_5 \cdot \overline{Y}_6 \cdot \overline{Y}_7}
\end{aligned}
$$

其电路连接如图 3.28 所示。

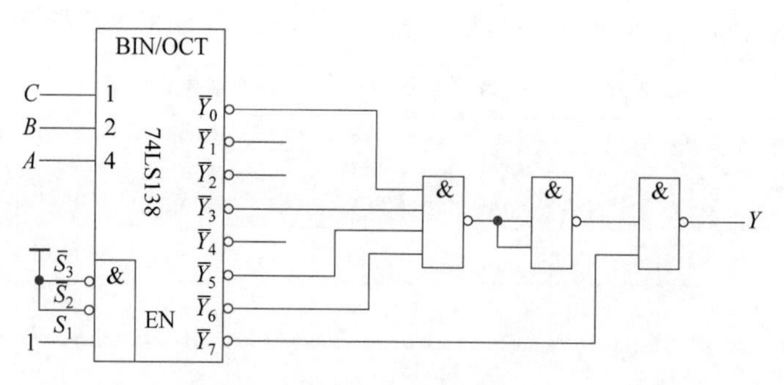

图 3.28　用 74LS138 实现交通信号灯工作状态监测电路

按照图 3.28 接线，代码输入端（地址端）A_2、A_1、A_0 和使能端 S_1、$\bar{S}_2$、$\bar{S}_3$ 均接逻辑电平开关，Y 接 0-1 指示器插口。将使能端 S_1、$\bar{S}_2$、$\bar{S}_3$ 对应开关组合设置为 1、0、0，将地址端 A_2、A_1、A_0（即变量 A、B、C）对应的开关组合依次设置为 000～111，观察与非门输出端 Y 驱动 LED 变化的情况，将实验结果填入表 3.17。

表 3.17　74LS138 实现交通信号灯工作状态监测逻辑功能测试结果记录表

输　入			输　出
A_2	A_1	A_0	Y
0	0	0	
0	0	1	
0	1	0	
0	1	1	
1	0	0	
1	0	1	
1	1	0	
1	1	1	

(2) 用 74LS138 实现三人表决电路的逻辑功能。

三人表决电路逻辑函数表达式为

$$
\begin{aligned}
Y_1 &= \bar{A}BC + A\bar{B}C + AB\bar{C} + ABC \\
&= m_3 + m_5 + m_6 + m_7 \\
&= \overline{\bar{m}_3 \cdot \bar{m}_5 \cdot \bar{m}_6 \cdot \bar{m}_7} \\
&= \overline{\bar{Y}_3 \cdot \bar{Y}_5 \cdot \bar{Y}_6 \cdot \bar{Y}_7}
\end{aligned}
$$

其电路连接如图3.29所示。

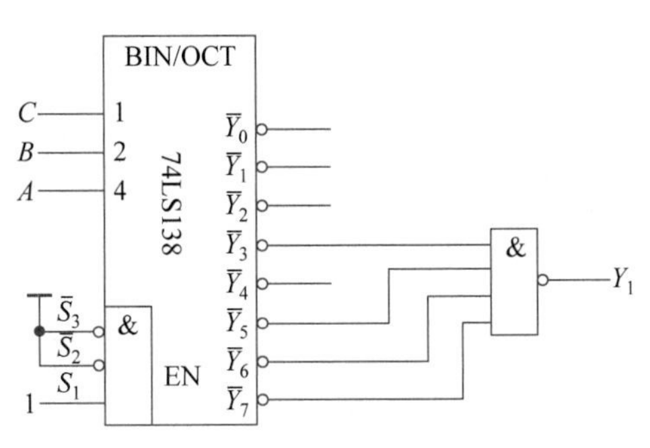

图 3.29　74LS138 实现三人表决电路

按照图3.29接线，代码输入端(地址端)A_2、A_1、A_0 和使能端 S_1、$\bar{S}_2$、$\bar{S}_3$ 均接逻辑电平开关，Y 接0-1指示器插口。将使能端 S_1、$\bar{S}_2$、$\bar{S}_3$ 对应开关组合设置为1、0、0，将地址端 A_2、A_1、A_0(即变量 A、B、C)对应的开关组合依次设置为000～111，观察与非门输出端 Y 驱动LED变化的情况，将实验结果填入表3.18。

表 3.18　74LS13 实现三人表决逻辑功能测试结果记录表

输　入			输　出
A_2	A_1	A_0	Y_1
0	0	0	
0	0	1	
0	1	0	
0	1	1	
1	0	0	
1	0	1	
1	1	0	
1	1	1	

4) 用74LS138构成数据分配器(选做)

(1) S_1 使能端作为数据输入端。

参照图3.22(a)，即将使能端 S_1 作为数据输入端，按照表3.19进行测试，观察和记录输出端 $\bar{Y}_0$～$\bar{Y}_7$ 的信号与 S_1 端输入信号，比较两者是否为反码关系。

(2) $\bar{S}_3$ 使能端作为数据输入端。

参照图3.22(b)，即将使能端 $\bar{S}_3$ 作为数据输入端，按照表3.20进行测试，观察和记录

输出端 $\bar{Y}_0 \sim \bar{Y}_7$ 的信号与 $\bar{S}_3$ 端的输入信号，比较两者是否为原码关系。

表 3.19　74LS138 译码器实现数据分配器逻辑功能测试结果记录表(一)

<table>
<tr><th colspan="5">输　入</th><th colspan="8">输　出</th></tr>
<tr><th>$\bar{S}_2+\bar{S}_3$</th><th>S_1</th><th>A_2</th><th>A_1</th><th>A_0</th><th>$\bar{Y}_0$</th><th>$\bar{Y}_1$</th><th>$\bar{Y}_2$</th><th>$\bar{Y}_3$</th><th>$\bar{Y}_4$</th><th>$\bar{Y}_5$</th><th>$\bar{Y}_6$</th><th>$\bar{Y}_7$</th></tr>
<tr><td rowspan="16">0</td><td rowspan="8">0</td><td>0</td><td>0</td><td>0</td><td></td><td></td><td></td><td></td><td></td><td></td><td></td><td></td></tr>
<tr><td>0</td><td>0</td><td>1</td><td></td><td></td><td></td><td></td><td></td><td></td><td></td><td></td></tr>
<tr><td>0</td><td>1</td><td>0</td><td></td><td></td><td></td><td></td><td></td><td></td><td></td><td></td></tr>
<tr><td>0</td><td>1</td><td>1</td><td></td><td></td><td></td><td></td><td></td><td></td><td></td><td></td></tr>
<tr><td>1</td><td>0</td><td>0</td><td></td><td></td><td></td><td></td><td></td><td></td><td></td><td></td></tr>
<tr><td>1</td><td>0</td><td>1</td><td></td><td></td><td></td><td></td><td></td><td></td><td></td><td></td></tr>
<tr><td>1</td><td>1</td><td>0</td><td></td><td></td><td></td><td></td><td></td><td></td><td></td><td></td></tr>
<tr><td>1</td><td>1</td><td>1</td><td></td><td></td><td></td><td></td><td></td><td></td><td></td><td></td></tr>
<tr><td rowspan="8">1</td><td>0</td><td>0</td><td>0</td><td></td><td></td><td></td><td></td><td></td><td></td><td></td><td></td></tr>
<tr><td>0</td><td>0</td><td>1</td><td></td><td></td><td></td><td></td><td></td><td></td><td></td><td></td></tr>
<tr><td>0</td><td>1</td><td>0</td><td></td><td></td><td></td><td></td><td></td><td></td><td></td><td></td></tr>
<tr><td>0</td><td>1</td><td>1</td><td></td><td></td><td></td><td></td><td></td><td></td><td></td><td></td></tr>
<tr><td>1</td><td>0</td><td>0</td><td></td><td></td><td></td><td></td><td></td><td></td><td></td><td></td></tr>
<tr><td>1</td><td>0</td><td>1</td><td></td><td></td><td></td><td></td><td></td><td></td><td></td><td></td></tr>
<tr><td>1</td><td>1</td><td>0</td><td></td><td></td><td></td><td></td><td></td><td></td><td></td><td></td></tr>
<tr><td>1</td><td>1</td><td>1</td><td></td><td></td><td></td><td></td><td></td><td></td><td></td><td></td></tr>
</table>

表 3.20　74LS138 译码器实现数据分配器逻辑功能测试结果记录表(二)

<table>
<tr><th colspan="6">输　入</th><th colspan="8">输　出</th></tr>
<tr><th>S_1</th><th>$\bar{S}_2$</th><th>$\bar{S}_3$</th><th>A_2</th><th>A_1</th><th>A_0</th><th>$\bar{Y}_0$</th><th>$\bar{Y}_1$</th><th>$\bar{Y}_2$</th><th>$\bar{Y}_3$</th><th>$\bar{Y}_4$</th><th>$\bar{Y}_5$</th><th>$\bar{Y}_6$</th><th>$\bar{Y}_7$</th></tr>
<tr><td rowspan="8">1</td><td rowspan="8">0</td><td rowspan="8">0</td><td>0</td><td>0</td><td>0</td><td></td><td></td><td></td><td></td><td></td><td></td><td></td><td></td></tr>
<tr><td>0</td><td>0</td><td>1</td><td></td><td></td><td></td><td></td><td></td><td></td><td></td><td></td></tr>
<tr><td>0</td><td>1</td><td>0</td><td></td><td></td><td></td><td></td><td></td><td></td><td></td><td></td></tr>
<tr><td>0</td><td>1</td><td>1</td><td></td><td></td><td></td><td></td><td></td><td></td><td></td><td></td></tr>
<tr><td>1</td><td>0</td><td>0</td><td></td><td></td><td></td><td></td><td></td><td></td><td></td><td></td></tr>
<tr><td>1</td><td>0</td><td>1</td><td></td><td></td><td></td><td></td><td></td><td></td><td></td><td></td></tr>
<tr><td>1</td><td>1</td><td>0</td><td></td><td></td><td></td><td></td><td></td><td></td><td></td><td></td></tr>
<tr><td>1</td><td>1</td><td>1</td><td></td><td></td><td></td><td></td><td></td><td></td><td></td><td></td></tr>
</table>

续表

输入						输出							
S_1	$\bar{S}_2$	$\bar{S}_3$	A_2	A_1	A_0	$\bar{Y}_0$	$\bar{Y}_1$	$\bar{Y}_2$	$\bar{Y}_3$	$\bar{Y}_4$	$\bar{Y}_5$	$\bar{Y}_6$	$\bar{Y}_7$
1	0	1	0	0	0								
			0	0	1								
			0	1	0								
			0	1	1								
			1	0	0								
			1	0	1								
			1	1	0								
			1	1	1								

2. 线上实验方式

(1) 利用 Multisim 软件连接图 3.30 所示的仿真电路，进行线上仿真实现 CD4511 驱动共阴极 LED 数码管。并按照线下实验方式 1)完成对 CD4511 驱动共阴极 LED 数码管的功能测试。

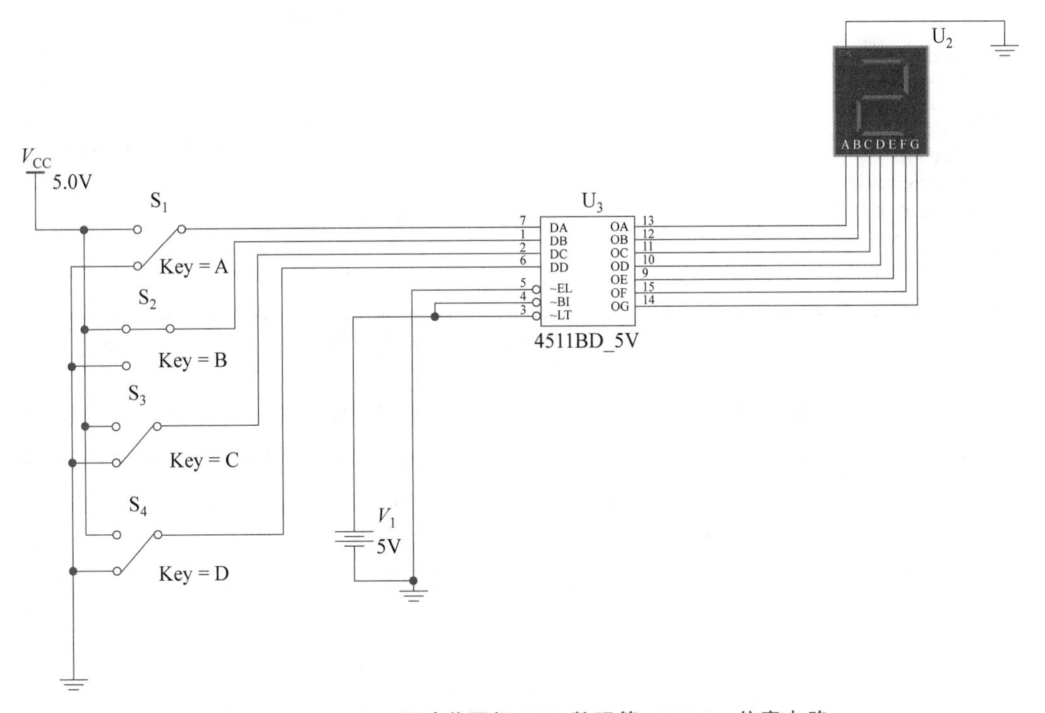

图 3.30 CD4511 驱动共阴极 LED 数码管 Multisim 仿真电路

图 3.30 中的 Multisim 仿真电路在构建过程中需要注意以下几点。

① CD4511 在 Multisim 元件库中有两种寻找方法。一是在菜单栏中选择 Place→Component 选项，弹出 Select a Component 对话框，在 Group 下拉列表框中选择 All groups 选项，然后在 Component 选项组下的文本框中输入 4511，即可找到 CD4511。如图 3.31 所示，搜索结果中有 BD、BP 和 BT 结尾的几种形式，表示的封装工艺不同。_10V、_15V 和_5V 表示芯片所需的驱动电压不同。二是在快捷元件菜单栏中找到 Place CMOS 图标，单击输入 4511，也可找到 CD4511。

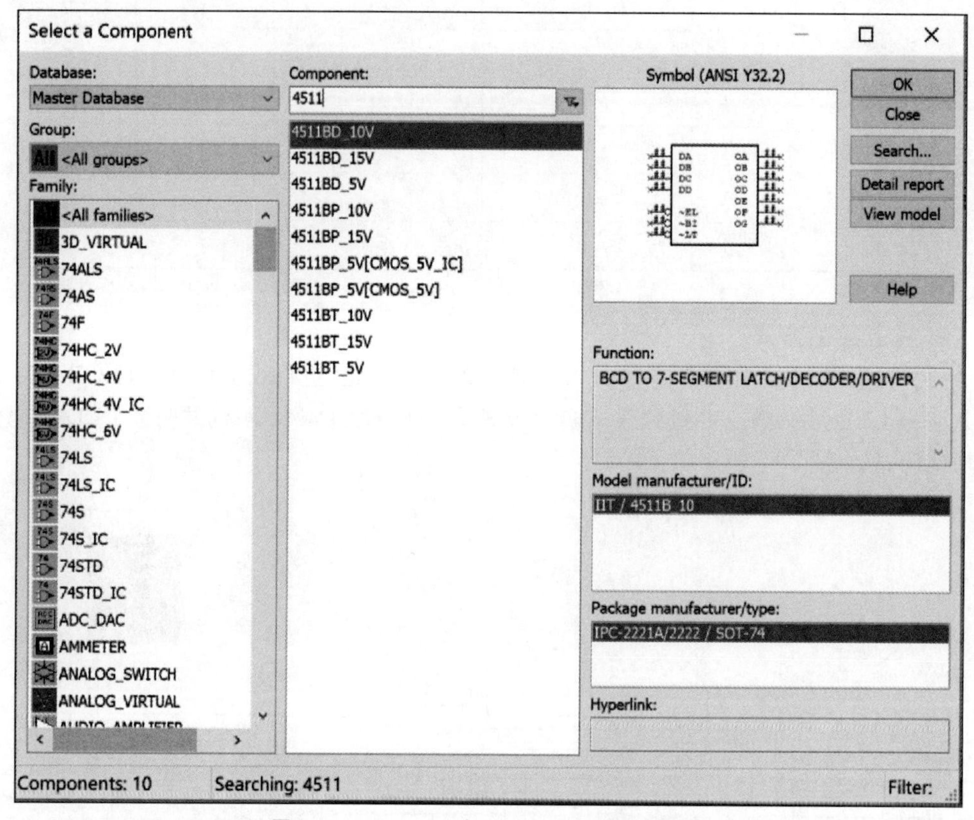

图 3.31　Multisim 中 CD4511 元件搜索结果

② 共阴极显示器元件的选择。在快捷元件菜单栏中，单击 Place Indicator 图标，弹出 Select a Component 对话框，在 Family 选项组下选择 HEX_DISPLAY 选项，进而在 Component 下拉列表框中选择 SEVEN_SEG_COM_K 选项，即共阴极七段显示器，如图 3.32 所示。本实验采用红色显示字样，即 SEVEN_SEG_COM_K。SEVEN_SEG_COM_K _XX 中的 XX 为添加显示数字的颜色(如 GREEN)，实验者可根据喜好自行选择。

③ CD4511 的输入端和单刀双掷开关相连，使其能输入高电平或低电平。

(2) 用 74LS138 实现交通信号灯工作状态监测 Multisim 仿真电路如图 3.33 所示。按照线下实验方式 3)中(1)的实验过程进行线上仿真。完成交通信号灯工作状态监测功能仿真测试并记录。仿真电路中 74LS138 的输入端接单刀双掷开关，输出接发光二极管。

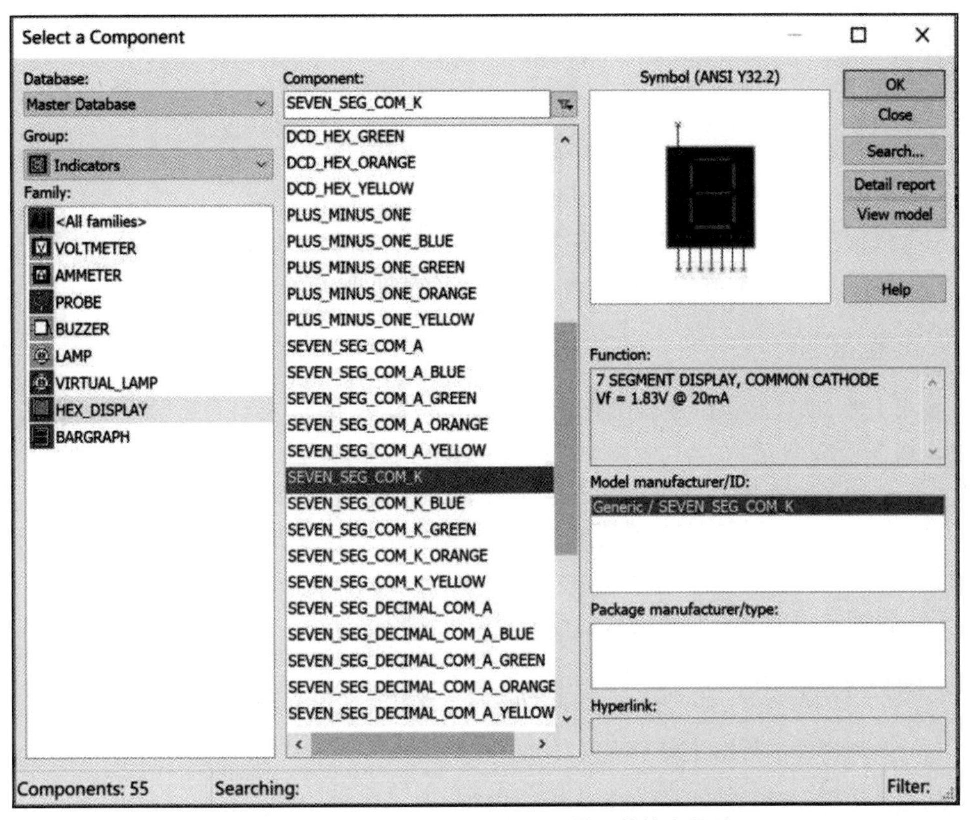

图 3.32 Multisim 中共阴极显示器元件搜索结果

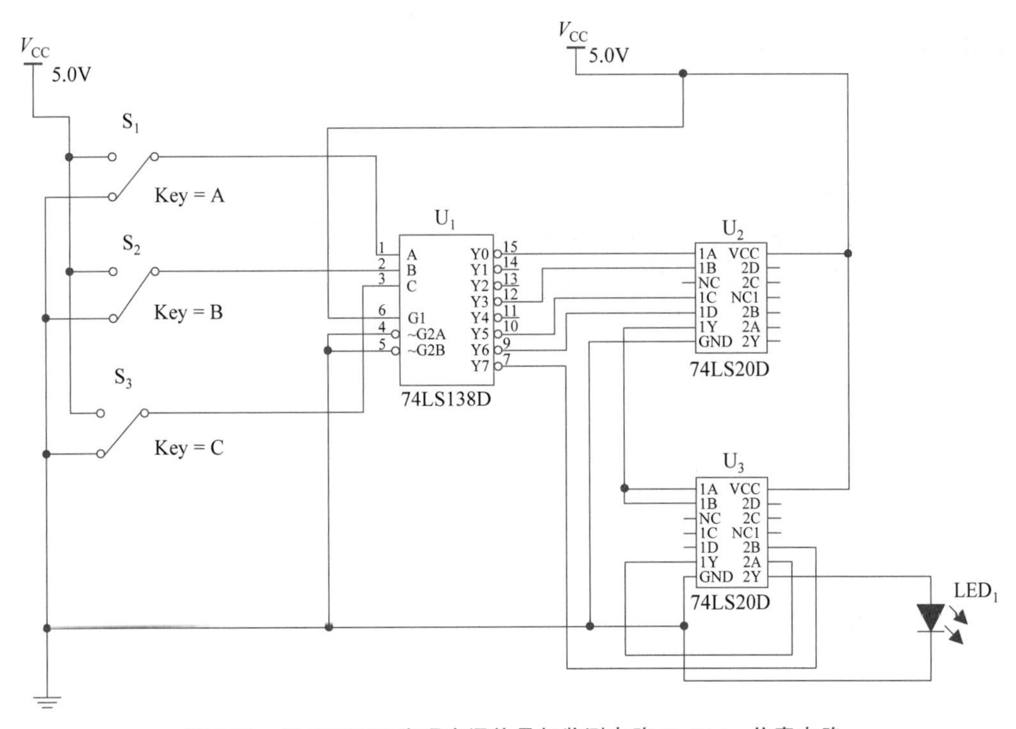

图 3.33 用 74LS138 实现交通信号灯监测电路 Multisim 仿真电路

(3) 其他电路测试方法按照线下实验内容进行仿真,过程类似,这里不再赘述。

五、 实验预习要求

(1) 复习有关译码器和数据分配器的原理。

(2) 复习用 74LS138 实现组合逻辑函数的工作原理。

(3) 根据实验要求设计好必要的实验线路并填写表格。

(4) 熟悉 Multisim 软件原理图输入方法及电路编译、仿真方法。

六、 实验报告

按照实验目的、实验原理、实验设备、实验内容、实验数据、实验总结撰写实验报告,具体要求如下。

(1) 简述实验原理、实验内容和实验步骤,画出实验线路图,列出真值表。

(2) 说明用 74LS138 译码器实现组合逻辑函数的原理及方法,并对实验结果进行分析、讨论。

(3) 说明二进制译码器作为数据分配器的工作原理。

七、 问题思考与练习

(1) 二进制译码器的主要特点是什么?

(2) 简述用二进制译码器实现组合逻辑函数的原理和方法。

(3) 简述用二进制译码器作为数据分配器的原理及方法。

实验四　触发器及其应用

一、 实验目的

(1) 掌握基本 RS 触发器、JK 触发器、D 触发器和 T 触发器的逻辑功能。

(2) 掌握集成触发器的使用方法和逻辑功能测试方法。

(3) 熟悉触发器之间相互转换的方法。

(4) 掌握 Multisim 软件的原理图输入方法及仿真测试方法(线上)。

二、 实验设备与器件

(1) 数字电路实验箱及+5V 直流电源。

(2) 双踪示波器。

(3) 逻辑电平开关。

(4) 0-1 指示器。

(5) 单次脉冲源。

(6) 集成芯片 74LS112、74LS00、74LS74。

(7) 安装 Multisim 软件的计算机。

三、 实验原理

触发器具有两个稳定状态,用以表示逻辑状态 1 和 0。在一定外界信号的作用下,触发器可以从一个稳定的状态翻转到另一个稳定状态。它是一个具有记忆功能的二进制信息存储器件,是构成各种时序电路最基本的逻辑单元。

1. 基本 RS 触发器

如图 3.34 所示为由两个与非门交叉耦合构成的基本 RS 触发器,它是无时钟控制低电平直接触发的触发器。基本 RS 触发器具有置 0、置 1 和保持三种功能。通常称 $\bar{S}$(例如,图 3.34 中的 $\bar{S}_D$)为置 1 端,因为 $\bar{S}=0$ 时触发器被置 1;称 $\bar{R}$(例如,图 3.34 中的 $\bar{R}_D$)为置 0 端,因为当 $\bar{R}=0$ 时触发器被置 0。当 $\bar{S}=\bar{R}=1$ 时,状态保持。基本 RS 触发器功能如表 3.21 所示。

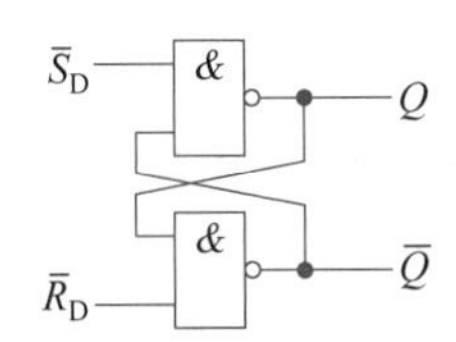

图 3.34 与非门交叉耦合构成的基本 RS 触发器

表 3.21 基本 RS 触发器功能

输入		输出	功能说明
$\bar{R}$	$\bar{S}$	Q^{n+1}	
0	1	0	置 0
1	0	1	置 1
1	1	Q^n	保持
0	0	不定	禁用

基本 RS 触发器的特性方程为

$$\left.\begin{aligned} Q^{n+1} &= S + \bar{R}Q^n \\ RS &= 0(\text{约束条件}) \end{aligned}\right\} \tag{3-7}$$

2. JK 触发器

在输入信号为双端的情况下,JK 触发器是功能完善、使用灵活且通用性较强的一种触发器,具有置 0、置 1、保持、翻转 4 种逻辑功能。本实验采用的 74LS112 双 JK 触发器,是下降沿触发的边沿 JK 触发器,其引脚排列及逻辑符号如图 3.35 所示。

74LS112 为双 JK 触发器,其内部有两个独立的下降沿触发的 JK 触发器,其逻辑功能如表 3.22 所示。

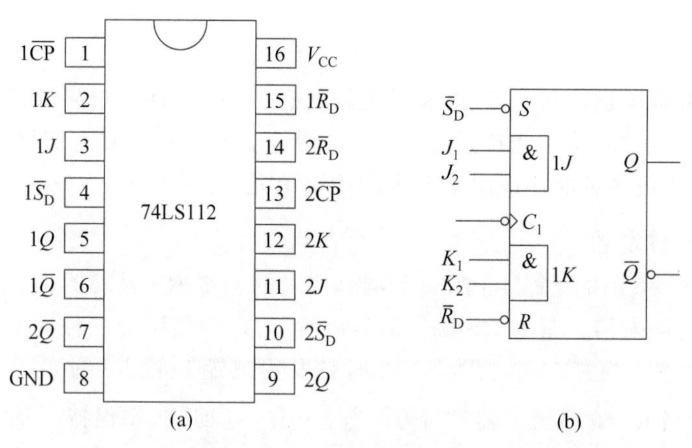

图 3.35　74LS112 双 JK 触发器引脚排列及逻辑符号

(a)74LS112 双 JK 触发器引脚排列；(b)74LS112 双 JK 触发器逻辑符号

表 3.22　74LS112 功能

输　入					输　出	功能说明
$\overline{R}_D$	$\overline{S}_D$	CP	J	K	Q^{n+1}	
0	1	×	×	×	0	异步置 0
1	0	×	×	×	1	异步置 1
0	0	×	×	×	不定	禁用
1	1	↓	0	0	Q^n	保持
1	1	↓	0	1	0	同步置 0
1	1	↓	1	0	1	同步置 1
1	1	↓	1	1	$\overline{Q}^n$	翻转
1	1	↓	×	×	Q^n	不变

74LS112 的 $\overline{R}_D$ 和 $\overline{S}_D$ 两端与 74LS74 的功能相同，分别为异步置 0 端和异步置 1 端。J 端、K 端为信号输入端，该触发器在 CP 脉冲的下降沿根据 J、K 的状态进行状态的更新，其他时刻则保持状态不变。其特性方程为

$$Q^{n+1} = J\overline{Q}^n + \overline{K}Q^n \tag{3-8}$$

3. D 触发器

在输入信号为单端的情况下，D 触发器用起来最为方便，其特性方程为

$$Q^{n+1} = D \tag{3-9}$$

其输出状态的更新发生在 CP 脉冲的上升沿，故又称上升沿触发的边沿触发器，触发器的状态只取决于时钟到来前 D 端的状态。边沿 D 触发器的电路结构多种多样，无论触发器内部是何种结构，其外部特性及逻辑功能都是一样的，只是触发边沿不同而已。

本实验采用的 74LS74 双 D 触发器，是上升沿触发的边沿 D 触发器，其引脚排列及逻

辑符号如图 3.36 所示。

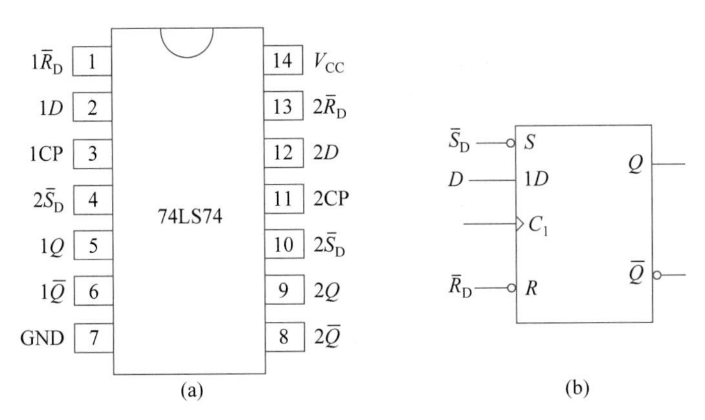

图 3.36 74LS74 双 D 触发器引脚排列及逻辑符号

(a)74LS74 双 D 触发器引脚排列；(b)74LS74 双 D 触发器逻辑符号

74LS74 为双 D 触发器，其内部有两个独立的上升沿触发的 D 触发器，其逻辑功能如表 3.23 所示。

表 3.23 74LS74 功能

输入				输出	功能说明
$\bar{R}_D$	$\bar{S}_D$	CP	D	Q^{n+1}	
0	1	×	×	0	异步置 0
1	0	×	×	1	异步置 1
0	0	×	×	不定	禁用
1	1	↑	0	0	同步置 0
1	1	↑	1	1	同步置 1
1	1	↓	×	Q^n	不变

4. T 触发器和 T′触发器

T 触发器特性方程为

$$Q^{n+1} = T\bar{Q}^n + \bar{T}Q^n \tag{3-10}$$

T 触发器具有保持和翻转功能。

T′触发器特性方程为

$$Q^{n+1} = \bar{Q}^n \tag{3-11}$$

T′触发器只有翻转功能。

5. 触发器之间功能的相互转换

在集成触发器的产品中，虽然每一种触发器都有自己固定的逻辑功能，但是可以利用转换的方法获得具有其他功能的触发器。

1）JK 触发器转换为 T 触发器

将 JK 触发器的 J、K 两端接在一起，将其视作 T 端，就得到了所需的 T 触发器。如图 3.37 所示。当 $T=0$ 时，触发器的状态保持不变；当 $T=1$ 时，触发器的状态翻转。

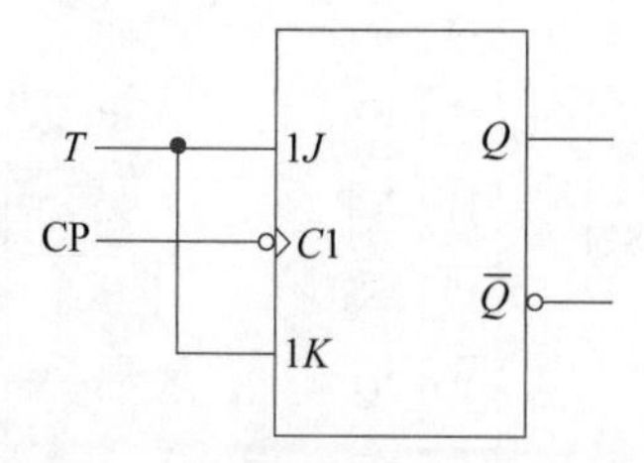

图 3.37　JK 触发器转换成 T 触发器

2）JK 触发器转换为 T′触发器

使 JK 触发器的 $J=K=1$，即得到 T′触发器，如图 3.38 所示。在 T′触发器的 CP 端每输入一个 CP 脉冲信号，触发器的状态就翻转一次，故 T′触发器又称翻转触发器。T′触发器广泛应用于计数电路中。

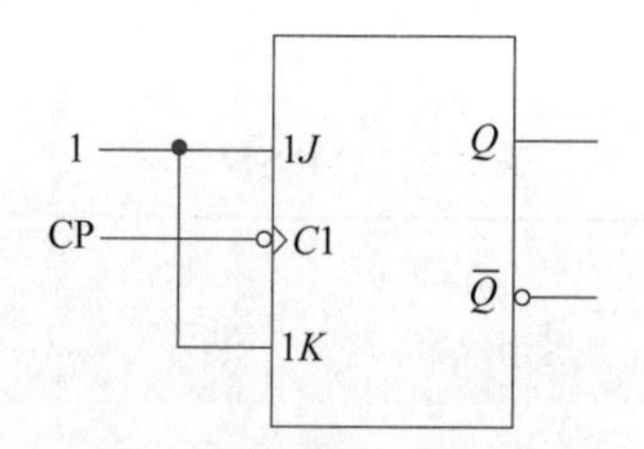

图 3.38　JK 触发器转换成 T′触发器

3）JK 触发器转换成 D 触发器

将 JK 触发器的 J、K 端通过非门连接起来，如图 3.39 所示。因为 $D=J=\overline{K}$，代入到 JK 触发器的特性方程，得到 $Q^{n+1}=D$。

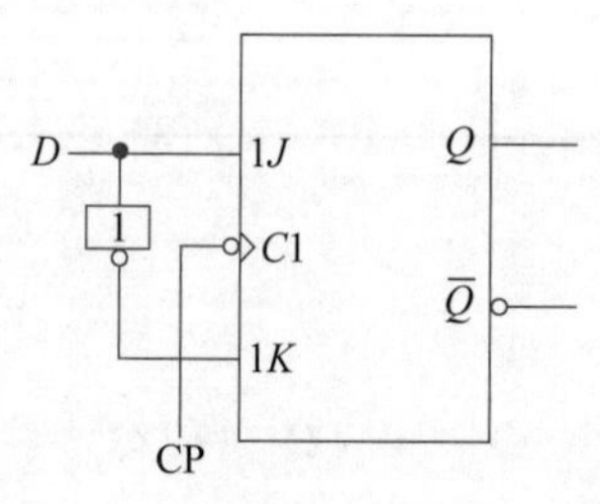

图 3.39　JK 触发器转换成 D 触发器

4）D 触发器转换成 T′触发器

若将 D 触发器的 $\overline{Q}$ 端与 D 端相连，如图 3.40 所示，则 $Q^{n+1}=D=\overline{Q}^n$。于是 D 触发器具有了 T′触发器的功能。

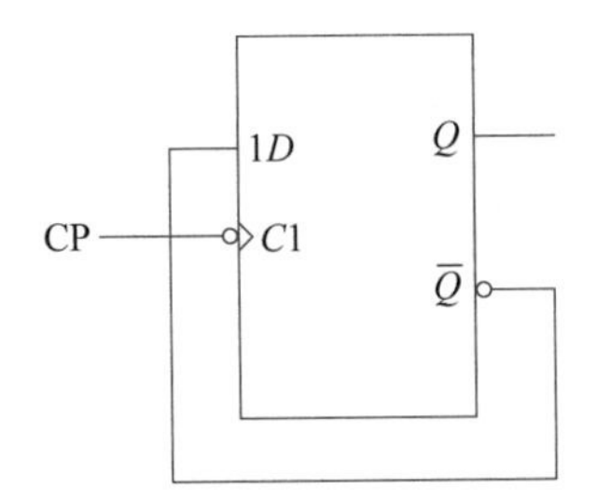

图 3.40　D 触发器转换成 T′触发器

四、 实验内容

1. 线下实验方式

1）基本 RS 触发器功能测试

按照图 3.34 接线，利用两个与非门组成 RS 触发器。输入端 $\overline{S}$、$\overline{R}$ 接单次脉冲源，输出端 Q 和 $\overline{Q}$ 接 0-1 指示器，按照表 3.24 的要求进行测试，并记录测试结果。

表 3.24　结果记录表

$\overline{R}$	$\overline{S}$	Q	$\overline{Q}$
1→0	1		
0→1			
0	1→0		
	0→1		
0	0		

2）D 触发器的逻辑功能测试（74LS74）

（1）测试异步置位端 $\overline{S}_D$ 和异步复位端 $\overline{R}_D$ 的功能。

按照图 3.41 接线，将 $\overline{R}_D$、$\overline{S}_D$ 端分别接逻辑开关，D 和 CP 处于任意状态，输出端 Q 和 $\overline{Q}$ 接 0-1 指示器。按照表 3.25 的要求进行测试，要求在 $\overline{R}_D$、$\overline{S}_D$ 作用期间，改变 D 和 CP 的状态，测试并记录 $\overline{R}_D$、$\overline{S}_D$ 对输出状态的控制作用。

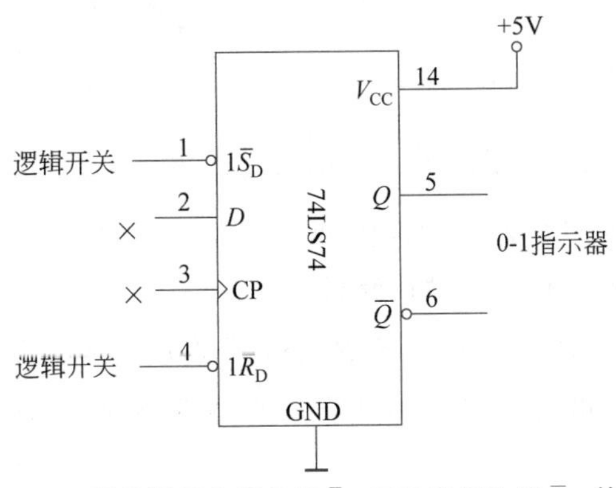

图 3.41　D 触发器异步置位端 $\overline{S}_D$ 和异步复位端 $\overline{R}_D$ 的功能

表 3.25　结果记录表

D	CP	$\overline{S}_D$	$\overline{R}_D$	Q
×	×	0	1	
×	×	1	0	

（2）D 触发器的逻辑功能测试。

先将 D 触发器置成所要求的初始状态，再按照图 3.42 接线，将 $\overline{R}_D$、$\overline{S}_D$ 接高电平，CP 端接单次脉冲，按照表 3.26 的要求进行测试，同时注意观察触发器状态更新是否发生在 CP 脉冲的上升沿(即 CP 由 0→1)将结果记录在表 3.26 中。

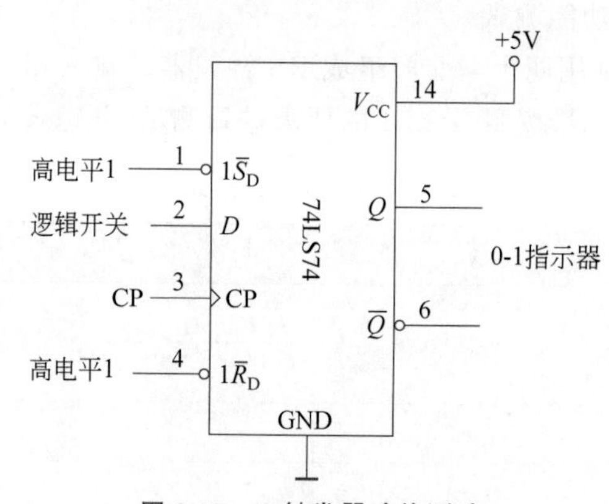

图 3.42　D 触发器功能测试

表 3.26　结果记录表

D	CP	Q^n（现态）	Q^{n+1}（次态）
0	0→1	0	
0	1→0	1	
1	0→1	0	
1	1→0	1	

3）JK 触发器的逻辑功能测试(74LS112)

（1）JK 触发器的 $\overline{R}_D$ 和 $\overline{S}_D$ 的功能测试。

按照图 3.43 接线，J、K 为任意状态，$\overline{R}_D$、$\overline{S}_D$ 分别接数字电路实验箱上的逻辑电平开关，CP 为任意状态，输出端 Q 和 $\overline{Q}$ 接 0-1 指示器，按照表 2.27 的要求测试并记录 $\overline{R}_D$、$\overline{S}_D$ 对输出状态的控制作用。

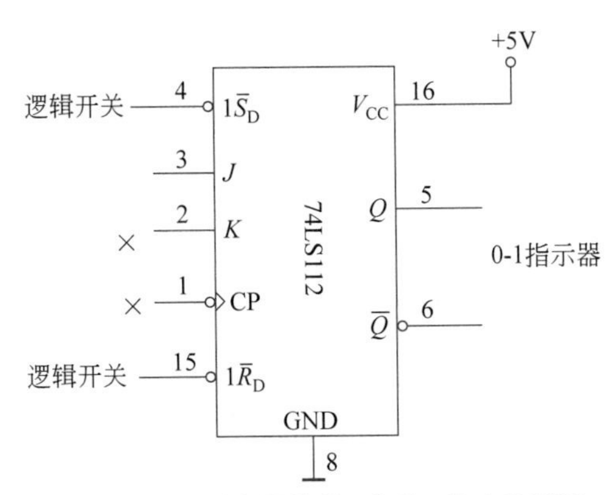

图 3.43 JK 触发器的 $\overline{R}_D$ 和 $\overline{S}_D$ 的功能测试

表 3.27 结果记录表

CP	J	K	$\overline{R}_D$	$\overline{S}_D$	Q	$\overline{Q}$
×	×	×	0	1		
×	×	×	1	0		

(2) JK 触发器的逻辑功能测试。

按照图 3.44 接线，将 JK 触发器置成所要求的初始状态，CP 端加单脉冲，改变 J、K 端的状态，按照表 3.27 的要求进行测试，同时注意观察触发器的状态是否发生在 CP 脉冲的下降沿(即 CP 由 1→0)，将测试结果记录在表 3.28 中。

表 3.28 结果记录表

J	K	CP	Q^n(现态)	Q^{n+1}(次态)
0	0	0→1	0	
		1→0	1	
0	1	0→1	0	
		1→0	1	
1	0	0→1	0	
		1→0	1	
1	1	0→1	0	
		1→0	1	

4) 触发器间的相互转换

(1) JK 触发器转换为 D 触发器。

① 按照图 3.39 进行接线，并按照表 3.29 的要求进行测试，将结果记录在表 3.29 中。

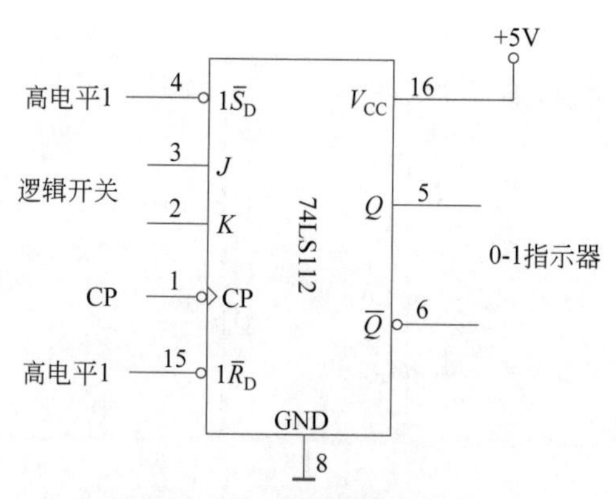

图 3.44　JK 触发器的功能测试

表 3.29　结果记录表

D	CP	Q^n（现态）	Q^{n+1}（次态）
0	↓	0	
	↓	1	
1	↓	0	
	↓	1	

② 按照测试结果写出逻辑函数表达式，比较是否符合 D 触发器的逻辑功能。

(2) 将 D 触发器转换为 T′触发器。

① 按照图 3.40 进行连线，将 D 触发器转换为 T′触发器，CP 端接单次脉冲，按照表 3.30 的要求进行测试并记录测试结果。

表 3.30　结果记录表

CP	Q	$\overline{Q}(D)$
0		
1		
2		
3		
4		

② 在 CP 输入连续脉冲，用示波器观察并记录 CP、Q、$\overline{Q}$ 的波形。

2. 线上实验方式

(1) 基本 RS 触发器功能测试的 Multisim 仿真电路如图 3.45 所示。

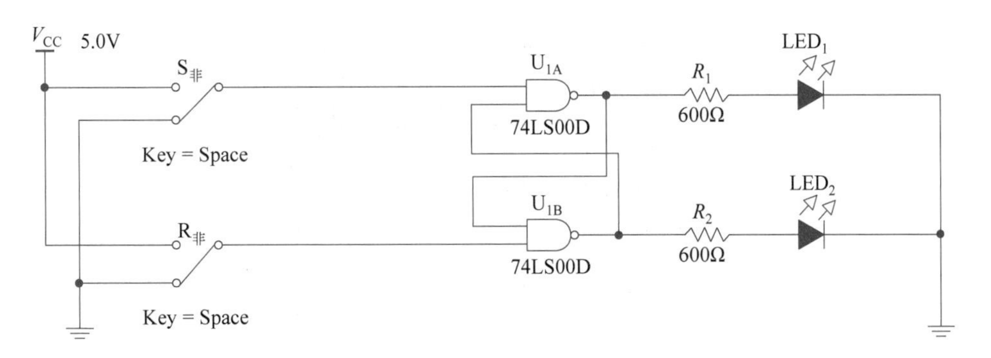

图 3.45 基本 RS 触发器功能测试 Multisim 仿真电路

图 3.45 中的 Multisim 仿真电路在构建过程中需要注意以下几点。

① 利用单刀双掷开关 S非 和 R非 仿真实现 $\overline{S}$、$\overline{R}$ 的单次脉冲的输入。

② 为了方便观察图 3.45 中由与非门构成的 RS 触发器，这里的与非门采用 Multisim 中 74LS00 的国际标准符号而不是集成芯片的符号形式。

(2) 74LS112 JK 触发器的逻辑功能测试 Multisim 仿真电路如图 3.46 所示。

(3) 按照线下实验方式完成线上仿真实验，并记录实验结果。

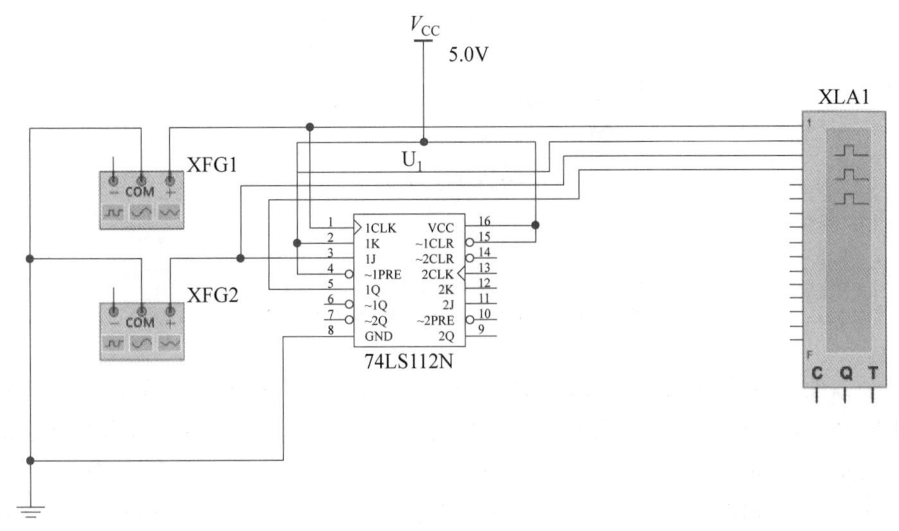

图 3.46 74LS112 JK 触发器的逻辑功能测试 Multisim 仿真电路

图 3.46 中 Multisim 仿真电路在构建过程中需要注意以下几点。

① 利用 Multisim 中的虚拟仪器信号发生器(XFG1)选择方波选项，如图 3.47 所示，将其作为 74LS112 的时钟输入。

② J 端的输入也为信号发生器(XFG2)的输出，并且也选择为方波，为了与时钟区别，其频率设置上要有所区分，可选择如图 3.48 所示的设置。为了操作简单，K 端输入可以直接连接 V_{CC} 作为高电平输入。当然，实验者也可再将信号发生器作为 K 端的输入。

③ 利用逻辑分析仪来观察输入及输出端的波形。逻辑分析仪的使用说明可参考第 4

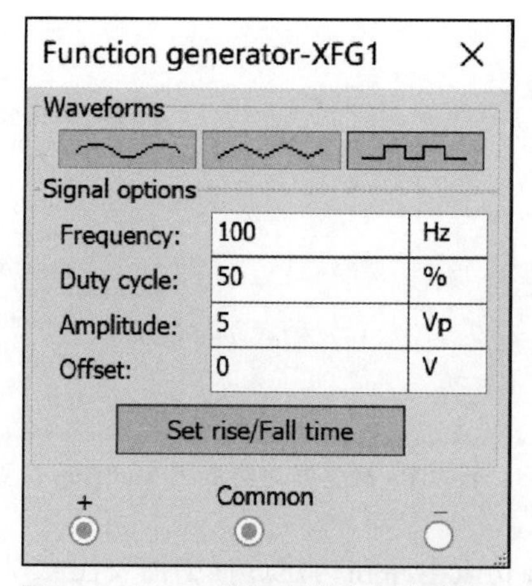

图 3.47　XFG1 选择方波作为时钟输入

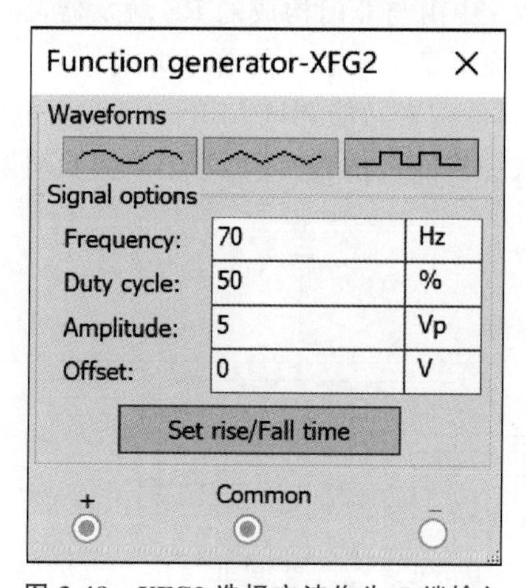

图 3.48　XFG2 选择方波作为 J 端输入

章。为了方便观察，Multisim 仿真将 JK 触发器输入及输出在输入到逻辑分析仪时分别采用不同的连接线颜色。逻辑分析仪在使用时应进行如下设置。首先双击打开逻辑分析仪的对话框，把 Clock/Div 设置为 5，如图 3.49 所示。其次单击逻辑分析仪对话框中 Clock/Div（时钟分频）下方的 Set 按钮，将会弹出如图 3.50 所示的对话框，将 Clock rate（时钟频率）设置为 1kHz。最后单击逻辑分析仪对话框 Trigger 下方的 Set 按钮，将时钟的触发边沿选择为 Negative（下降沿），如图 3.51 所示。这样设置的原因是 74LS112 为下降沿触发的 JK 触发器。

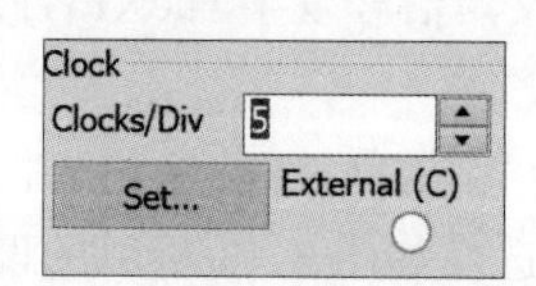

图 3.49　逻辑分析仪的时基设置

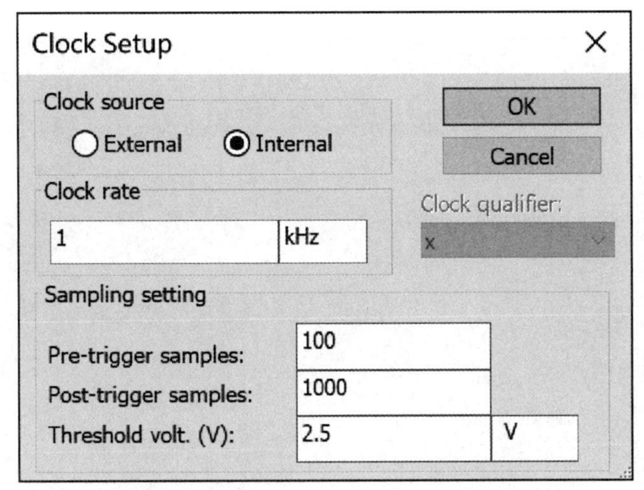

图 3.50 逻辑分析仪的时钟频率设置

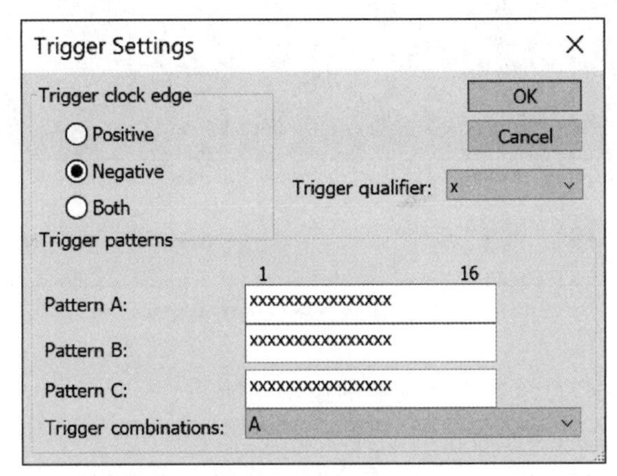

图 3.51 逻辑分析仪的时钟触发边沿设置

④ 检查仿真电路无误后进行仿真，双击逻辑分析仪打开其对话框，单击对话框左下方的 Stop 按钮，方便观察波形，逻辑分析仪器的仿真结果如图 3.52 所示。

(4) 其他电路测试方法按照线下实验方式进行仿真实验，过程类似，这里不再赘述。

五、 实验预习要求

(1) 复习各类触发器的逻辑功能、触发方式及内部电路结构。

(2) 从理论上分析实验表格中触发器输出的次态。

(3) 熟悉 Multisim 软件原理图输入方法及电路编译、仿真方法。

六、 实验报告

按照实验目的、实验原理、实验设备、实验内容、实验数据、实验总结撰写实验报告，具体要求如下。

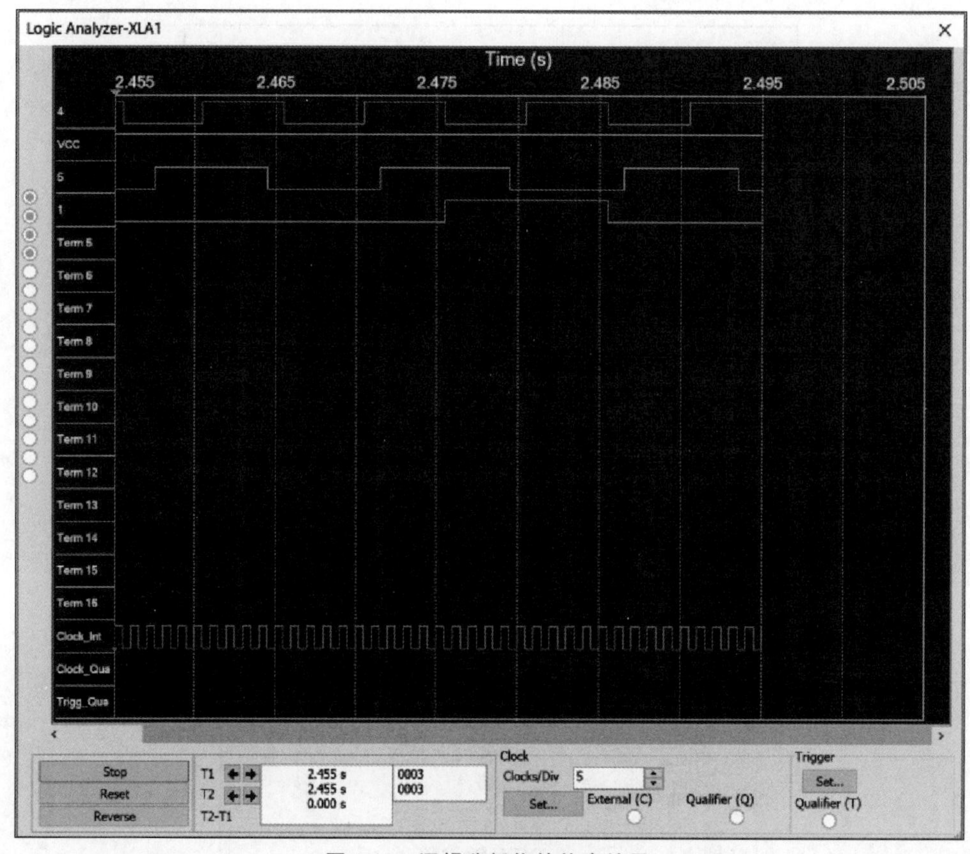

图 3.52　逻辑分析仪的仿真结果

(1) 整理实验数据，总结各类触发器的逻辑功能。

(2) 总结触发器之间功能转换的原理及方法。

(3) 总结边沿触发器的特点，了解实验时应如何利用单次脉冲源实现上升沿触发或下降沿触发。

七、问题思考与练习

(1) 在实验中如何观测单次脉冲上升沿或者下降沿触发现象?

(2) 如何将 JK 触发器转换为 D 触发器?

(3) 如何将 D 触发器转换为 T′触发器?

实验五　计数器及其应用

一、实验目的

(1) 熟悉常用集成计数器的引脚排列及其功能。

(2) 掌握中规模集成计数器的使用方法及功能测试方法。

(3) 掌握用集成计数器构成 N 进制计数器的方法。

(4) 掌握 Multisim 软件的原理图输入方法及仿真测试方法(线上)。

二、 实验设备及器材

(1) 数字电路实验箱及+5V 直流电源。

(2) 双踪示波器。

(3) 逻辑电平开关。

(4) 0-1 指示器。

(5) 连续脉冲源。

(6) 单次脉冲源。

(7) 74LS192×2、74LS00。

(8) 安装 Multisim 软件的计算机。

三、 实验原理

计数器是一个用来实现计数功能的时序部件,它不仅可以用来计脉冲数,还可以用作数字系统的定时、分频和执行数字运算及其他特定的逻辑功能。

计数器的种类有很多,根据构成计数器的各触发器是否使用一个时钟脉冲源,可以分为同步计数器和异步计数器;根据计数制的不同,可以分为二进制计数器、十进制计数器和任意进制计数器;根据计数器的增减趋势,可以分为加法计数器、减法计数器和可逆计数器。目前,无论是 TTL 还是互补金属氧化物半导体(complementary metal oxide semiconductor,CMOS)集成电路,都有品种较齐全的中规模集成计数器。使用者只要借助器件手册提供的功能表和工作波形图以及引出端的排列,就能正确地运用这些器件。

本实验采用的芯片是中规模集成器 74LS192,其引脚排列及逻辑符号如图 3.53 所示,功能如表 3.31 所示。

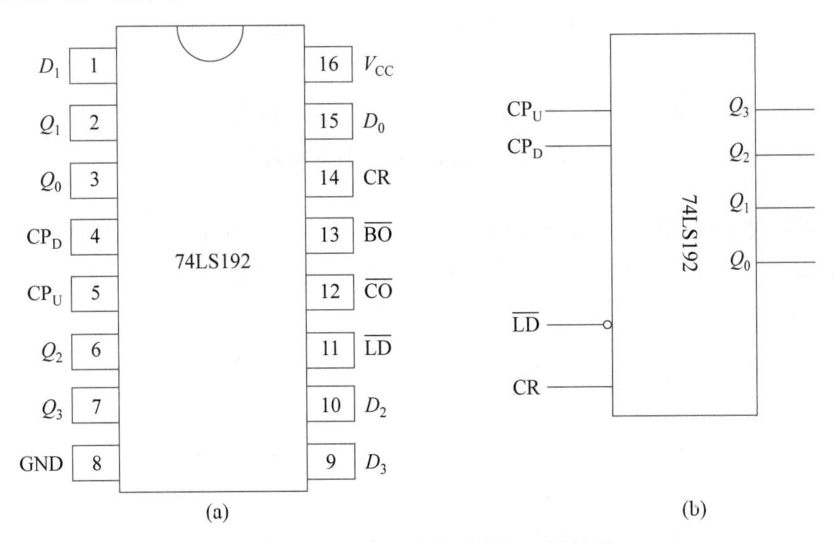

图 3.53 74LS192 引脚排列及逻辑符号

(a)74LS192 引脚排列;(b)74LS192 逻辑符号

表 3.31　74LS192 功能

输　入					输　出	说　明
CR	$\overline{LD}$	CP_U	CP_D	$D_3D_2D_1D_0$	$Q_3^{n+1}Q_2^{n+1}Q_1^{n+1}Q_0^{n+1}$	
1	×	×	×	××××	0　0　0　0	异步清零
0	0	×	×	$d_3\ d_2\ d_1\ d_0$	$d_3\ d_2\ d_1\ d_0$	异步置数
0	1	↑	1	××××	加法计数	$\overline{CO}=\overline{\overline{CP_U}\cdot Q_3^nQ_0^n}$
0	1	1	↑	××××	减法计数	$\overline{BO}=\overline{\overline{CP_D}\cdot \bar{Q}_3^n\bar{Q}_2^n\bar{Q}_1^n\bar{Q}_0^n}$
0	1	1	1	××××	保持	$\overline{CO}=\overline{BO}=1$

表 3.31 中，CP_U 是加法计数脉冲输入端；CP_D 是减法计数脉冲输入端；$\overline{CO}$是非同步进位输出端；$\overline{BO}$是非同步借位输出端；D_3、D_2、D_1、D_0 是并行数据输入端；Q_3、Q_2、Q_1、Q_0 是计数状态输出端；CR 是异步清零端，1 有效，计数器直接清零，即当 CR＝1 时，$Q_3^{n+1}Q_2^{n+1}Q_1^{n+1}Q_0^{n+1}=0000$；$\overline{LD}$是异步置数端，0 有效。

当 CR＝0、$\overline{LD}=0$ 时，数据直接从置数端 $D_3D_2D_1D_0$ 置入计数器，即 $Q_3^{n+1}Q_2^{n+1}Q_1^{n+1}Q_0^{n+1}=d_3\ d_2\ d_1\ d_0$。

当 CR 为低电平，$\overline{LD}$为高电平时，即 CR＝0、$\overline{LD}=1$ 时，执行计数功能。

执行加法计数时，减法计数脉冲输入端 CP_D 接高电平，即 $CP_D=1$。计数脉冲 CP 由加法计数脉冲输入端 CP_U 输入，在计数脉冲 CP 的上升沿进行 8421 码十进制加法计数，状态转换图如图 3.54 所示。

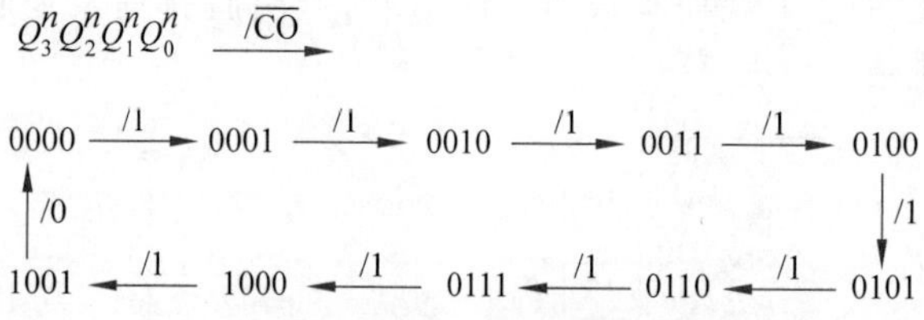

$Q_3^nQ_2^nQ_1^nQ_0^n$ $\xrightarrow{/\overline{CO}}$

0000 →/1→ 0001 →/1→ 0010 →/1→ 0011 →/1→ 0100 →/1→ 0101 →/1→ 0110 →/1→ 0111 →/1→ 1000 →/1→ 1001 →/0→ 0000

图 3.54　加法计数状态转换图

执行减法计数时，加法计数脉冲输入端 CP_U 接高电平，即 $CP_U=1$。计数脉冲 CP 由减法计数脉冲输入端 CP_D 输入。在计数脉冲 CP 的上升沿进行 8421 码十进制减法计数，状态转换图如图 3.55 所示。

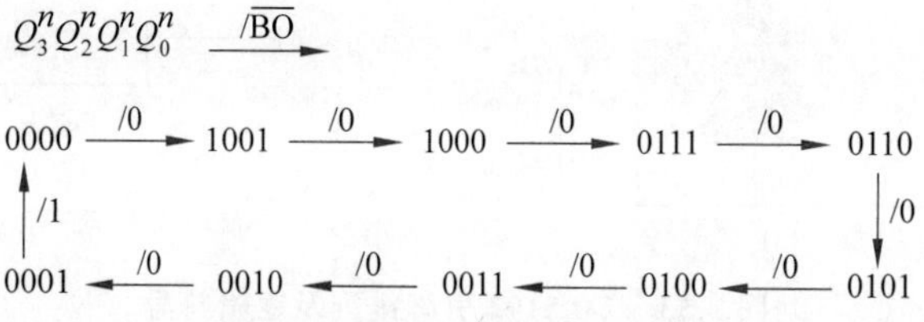

$Q_3^nQ_2^nQ_1^nQ_0^n$ $\xrightarrow{/\overline{BO}}$

0000 →/0→ 1001 →/0→ 1000 →/0→ 0111 →/0→ 0110 →/0→ 0101 →/0→ 0100 →/0→ 0011 →/0→ 0010 →/0→ 0001 →/1→ 0000

图 3.55　减法计数状态转换图

1. 单芯片实现任意进制数

用“反馈归零”法可获得任意进制(即 N 进制)的计数器。也就是说假定已有 M 进制计数器,而需要得到一个 N 进制计数器,只要 $N<M$,用“反馈归零”法使计数器计数到 $N-1$ 时置 0,即可获得 N 进制计数器。

初态为零的六进制计数器的计数状态为 0000～0101。因为 74LS192 的清零方式和置数方式均为异步方式,且高电平清零,低电平置数,因而构成初态为零的六进制计数器时,应用计数状态 0110 构成反馈,故反馈逻辑函数表达式为 $\mathrm{CR}=Q_2^n Q_1^n$,$\overline{\mathrm{LD}}=\overline{Q_2^n Q_1^n}$,电路接线如图 3.56 所示。

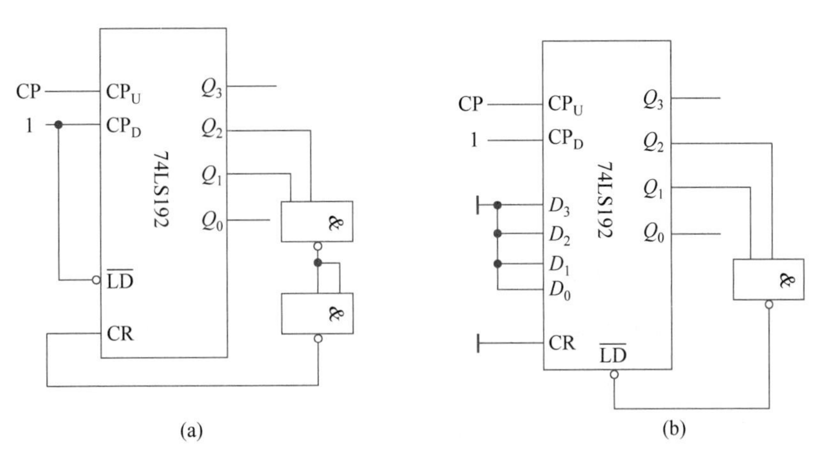

图 3.56 用 74LS192 构成六进制加法计数器

(a)清零法;(b)置数法

2. 多芯片实现任意进制计数

为了扩大计数器的计数容量,常将多个计数器芯片级联起来使用,同步计数器往往有进位(或借位)输出端,故可选用其进位(或借位)输出信号驱动下一级计数器。

将两片不同进制的计数器级联起来,可以实现 $N_1\times N_2$ 进制计数;将两片相同进制的计数器级联起来,可以实现 $N\times N$ 进制计数,然后根据需要再利用“反馈归零”的方法接成其他任意进制计数器。

1) 将两片 74LS192 级联实现一百进制计数

将低位 74LS192 的进位输出端$\overline{\mathrm{CO}}$与高位加法计数脉冲输入端 $\mathrm{CP_U}$ 相连可构成两位十进制加法计数器;而将低位借位输出端$\overline{\mathrm{BO}}$与高位减法计数脉冲输入端 $\mathrm{CP_D}$ 相连可构成两位十进制减法计数器。接线如图 3.57 所示,计数状态范围为$(0000\ 0000\sim 1001\ 1001)_{8421}$码。

若将图中 74LS192(1)的 $\mathrm{CP_U}$ 和 $\mathrm{CP_D}$ 接线互换,则可实现 百进制减法计数器。

2) 将两片 74LS192 级联实现初态为 1 的十二进制加法计数器

要设计的计数器数字时钟的计数序列是 1,2,…,11,12,计数初始值是 1,计数终值是

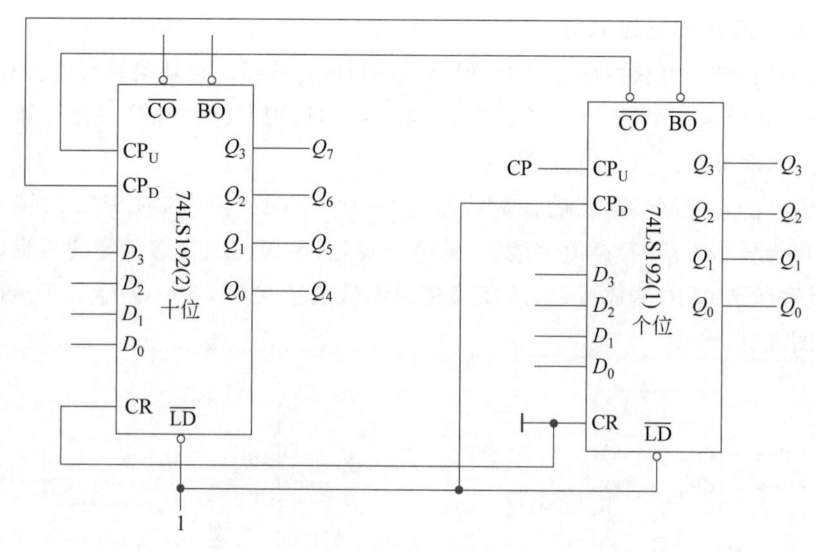

图 3.57　74LS192 构成一百进制加法计数器

12，是一种特殊的十二进制加法计数器。

用两片 74LS192 级联实现十二进制加法计数器，当计数计到 $13(0001\ 0011)_{8421}$ 码时，通过与非门产生一个置 1 信号送至 $\overline{LD}$ 端，计数器立刻将计数状态置成 $(0000\ 0001)_{8421}$ 码，从而实现了 $(1\sim12)_{10}$ 计数，故异步反馈置 1 逻辑函数表达式为 $\overline{LD}=\overline{Q_4^nQ_1^nQ_0^n}$，电路接线图如图 3.58 所示。计数状态范围为 $(0000\ 0001\sim0001\ 0010)_{8421}$ 码。

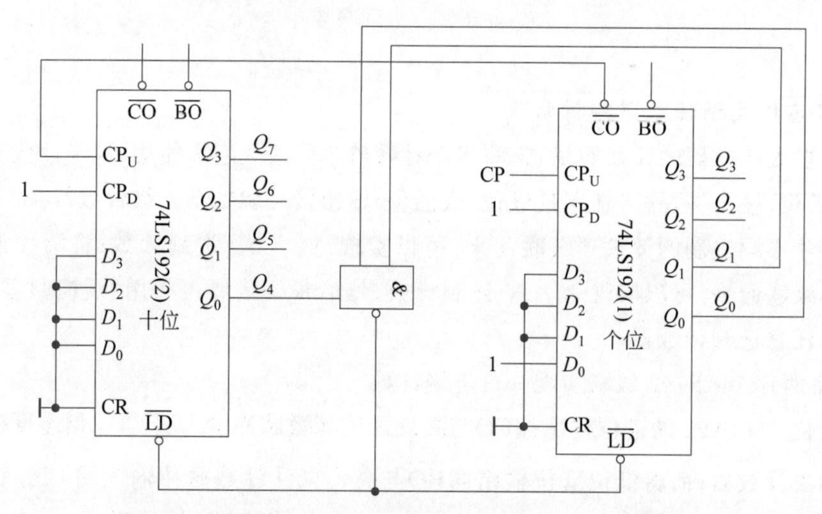

图 3.58　用 74LS192 构成初态为 1 的特殊十二进制计数器

3）六十进制计数器的电路设计方案（设初态为 0）

将两片 74LS192 级联实现六十进制加法计数器，如图 3.59 所示。

将两片 74LS192 级联成一百进制加法计数器，再通过反馈实现六十进制加法计数器。

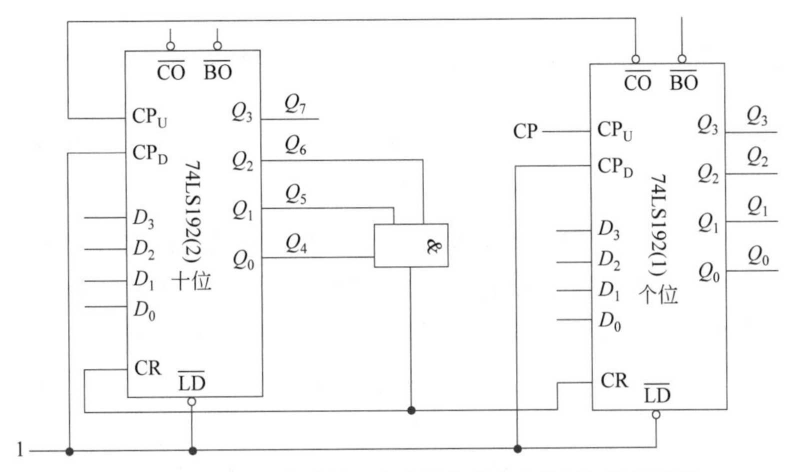

图 3.59 74LS192 构成的异步清零构成六十进制加法计数器

由于 74LS192 的清零和置数均为异步方式，因此，归零逻辑应由(60)10=$(0110\ 0000)_{8421}$码确定，即 $\mathrm{CR}=Q_6^nQ_5^n$，$\overline{\mathrm{LD}}=\overline{Q_6^nQ_5^n}$。接线图如图 3.59 所示。计数状态变化范围为$(0000\ 0000\sim0101\ 1001)_{8421}$码。

四、 实验内容

1. 线下实验方式

1）测试 74LS192 的逻辑功能

按照图 3.60 接线，计数脉冲由单次脉冲源提供，清零端 CR，置数端$\overline{\mathrm{LD}}$，数据输入端 D_3、D_2、D_1、D_0 分别接逻辑电平开关，输出端 Q_3、Q_2、Q_1、Q_0 接实验设备的译码显示器的输入相应插口 D、C、B、A，$\overline{\mathrm{CO}}$和$\overline{\mathrm{BO}}$接 0-1 指示器的插口。

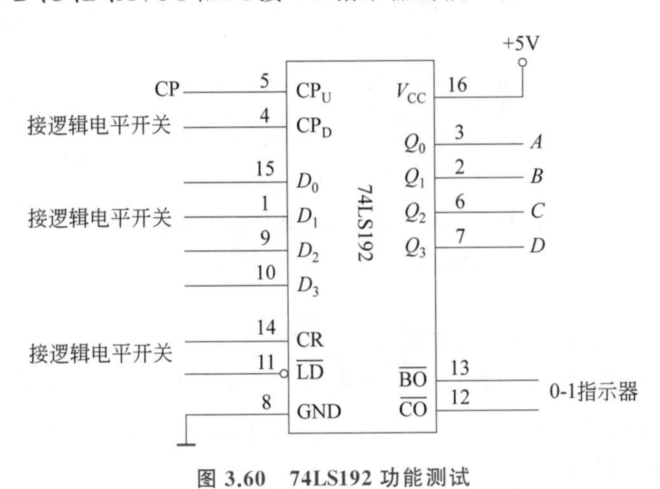

图 3.60 74LS192 功能测试

根据表 3.31 逐一测试 74LS192 异步清零、异步置数、加法计数、减法计数的逻辑功能。

异步清零。当 CR=1 时，将使 $Q_3Q_2Q_1Q_0$=0000，则译码显示数字 0。清零功能完成后，置 CR=0。

异步置数。当 CR=0、$\overline{\mathrm{LD}}$=0 时，$D_3D_2D_1D_0=d_3\ d_2\ d_1\ d_0$。观察计数译码器显示输出是否与预置的数码相符，然后置 $\overline{\mathrm{LD}}$=1。

加法计数。当 CR=0、$\overline{\mathrm{LD}}$=0、$\mathrm{CP_D}$=1 时，将加法计数 $\mathrm{CP_U}$ 端接入单次脉冲源或 1Hz 的连续脉冲源，将输出端 $Q_3Q_2Q_1Q_0$ 接逻辑电平 LED 的同时，再接至 LED 数码管（内部由译码器驱动）上，同步观察计数状态的变化，结果应如图 3.61 所示。

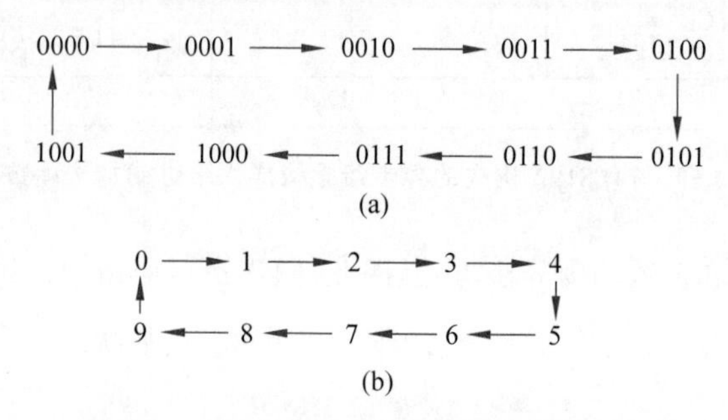

图 3.61　74LS192 加法计数状态循环显示图

(a)逻辑电平 LED 显示；(b) LED 数码管显示

减法计数。将加法计数接线时的 $\mathrm{CP_U}$ 与 $\mathrm{CP_D}$ 互换，即可实现十进制减法计数。观察计数状态变化是否如图 3.62 所示。

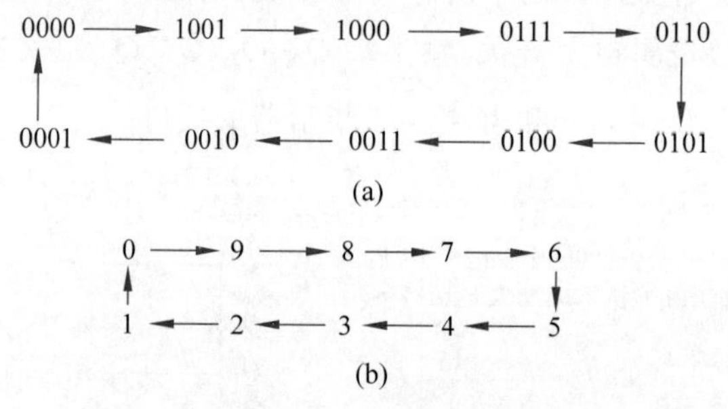

图 3.62　74LS192 减法计数状态循环显示图

(a) 逻辑电平 LED 显示；(b) LED 数码管显示

2）由 74LS192 构成特殊十二进制加法计数器

按照图 3.63 接线，将两片 74LS192 构成初态为 1 的特殊十二进制加法计数器。CP 输入 1Hz 秒脉冲，输出 $Q_7Q_6Q_5Q_4$、$Q_3Q_2Q_1Q_0$ 接逻辑电平指示 LED 插口，同时接 8421 码译码显示器，观察计数器状态变化，并记录在表 3.32 中。

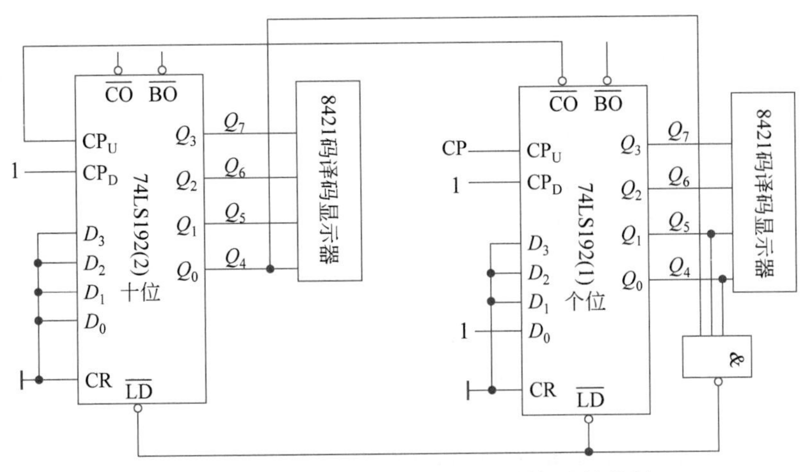

图 3.63 74LS192 实现特殊十二进制加法计数器

表 3.32 74LS192 构成特殊十二进制加法计数器

CP	LED 计数状态显示	LED 数码管显示	
	$Q_7Q_6Q_5Q_4Q_3Q_2Q_1Q_0$	十位	个位
0			
1			
2			
3			
4			
5			
6			
7			
8			
9			
10			
11			

3）由 74LS912 构成六十进制加法计数器

按照图 3.64 或图 3.65 接线，用 LED 数码管观察六十进制加法计数器状态的变化。

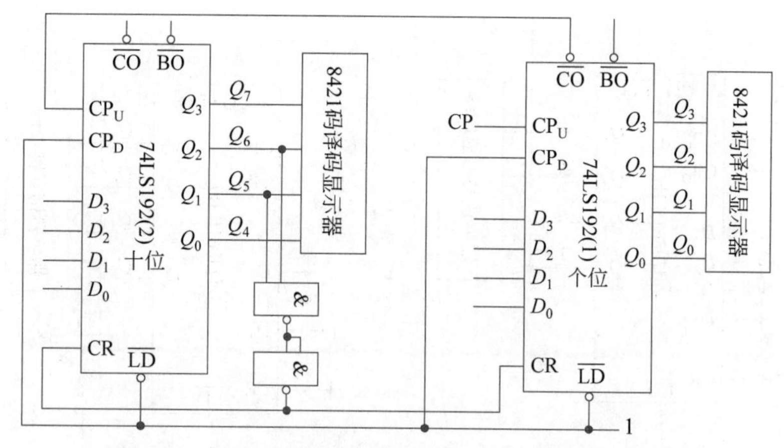

图 3.64　用 74LS192 的 CR 端实现六十进制加法计数器

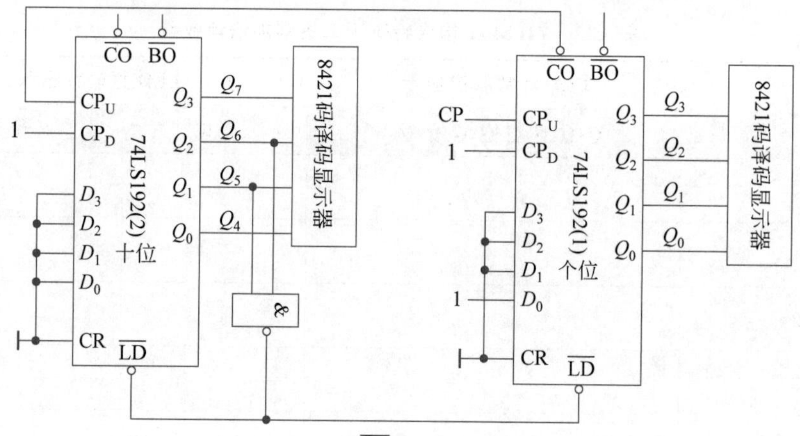

图 3.65　用 74LS192 的$\overline{\text{LD}}$端实现六十进制加法计数器

2. 线上实验方式

(1) 74LS192 逻辑功能测试的 Multisim 仿真电路，如图 3.66 所示。图 3.66 所示的仿真电路实现的是 74LS192 加法计数功能。其他 74LS192 逻辑功能测试按照线下实验方式 1)逐个测试。

图 3.66 中的 Multisim 仿真电路在构建过程中需要注意以下几点。

① 加计数单次脉冲利用单刀双掷开关 S_1 进行仿真实现。当开关 S_1 由低电平拨向高电平时，计数器加 1，LED 显示数码管和 LED 都会显示相应的计数结果。如图 3.66 中数码管显示数字 2，LED 则显示 0010。

② $\overline{\text{CO}}$为低电平有效，所以在计数脉冲作用下，计数过程中，$\overline{\text{CO}}$输出为高电平，LED_1 一直处于点亮的状态，直到计数到数字 9，也就是给 10 次计数脉冲，加法计数向前进位，$\overline{\text{CO}}$输出为低电平，此时 LED_1 灯灭。

(2) 用 74LS192 的 CR 端实现六十进制加法计数的 Multisim 仿真电路图如图 3.67 所示。

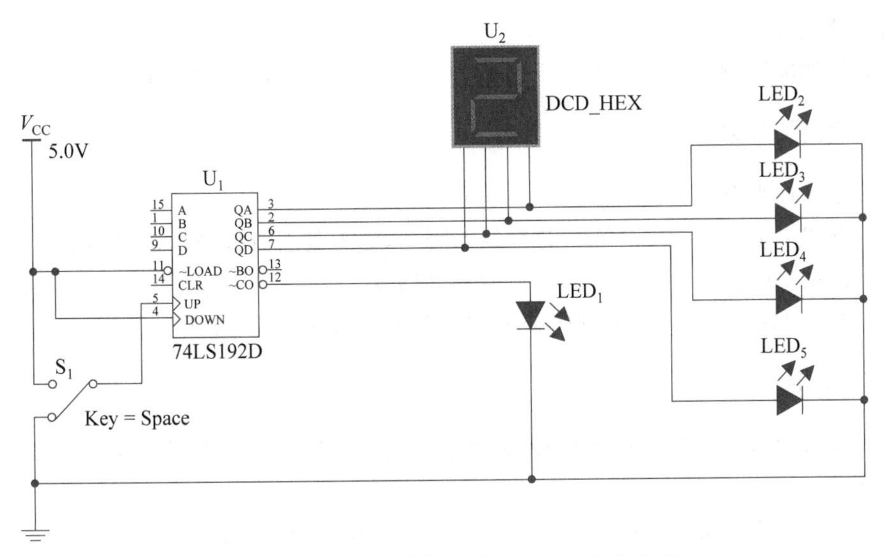

图 3.66 74LS192 功能测试 Multisim 仿真电路

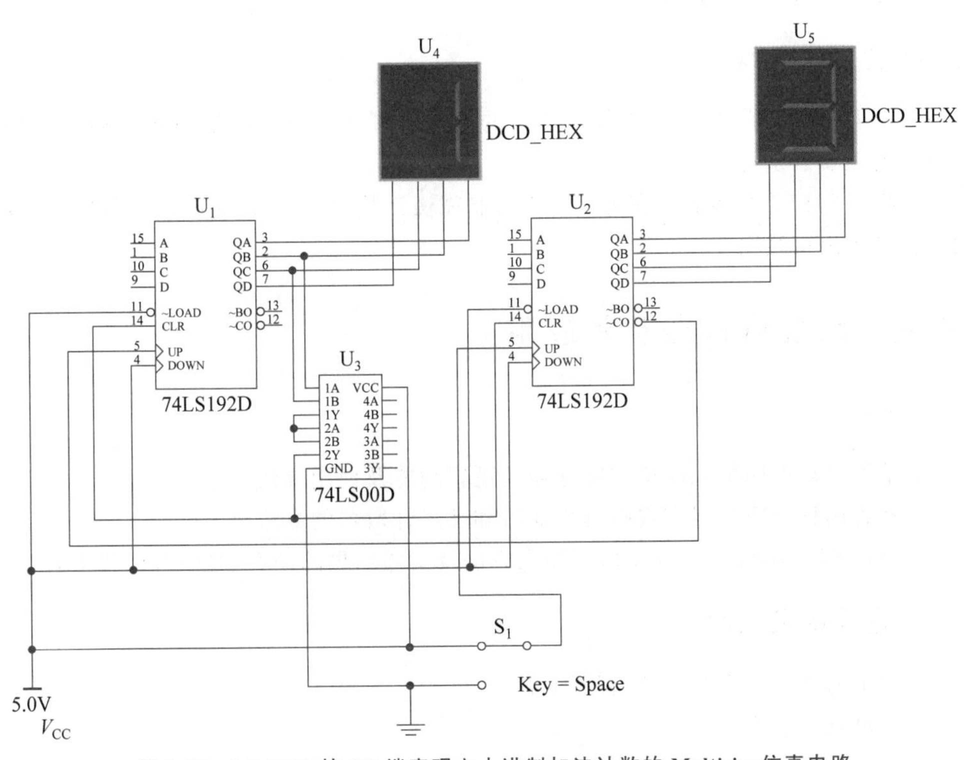

图 3.67 74LS192 的 CR 端实现六十进制加法计数的 Multisim 仿真电路

图 3.67 中的 Multisim 仿真电路在构建过程中需要注意以下几点。

① 个位的加计数脉冲输入端 UP 端连接的单刀双掷开关 S_1 连接高、低电平作为六十进制加法计数器的单次脉冲。

② 当个位计数由 0 到 9 之后，向十位进位，图 3.67 所示的 LED 显示数码管显示的是

六十进制中的13。

(3) 其他电路测试方法按照线下实验内容进行仿真实验,过程类似,这里不再赘述。

五、实验预习要求

(1) 复习计数器相关内容。

(2) 查阅74LS192、74LS00等芯片的引脚图,熟悉其引脚排列及逻辑功能。

(3) 根据实验内容设计一个六十进制的计数器。

(4) 熟悉Multisim软件原理图输入方法及电路编译、仿真方法。

六、实验报告

按照实验目的、实验原理、实验设备、实验内容、实验数据、实验总结撰写实验报告,具体要求如下。

(1) 整理实验线路图,整理实验数据,画出各种计数器的状态图。

(2) 总结使用单片集成计数器设计 N 进制计数器的方法。

(3) 总结使用中规模集成计数器的体会。

七、问题思考与练习

(1) 用集成计数器设计 N 进制计数器的方法有哪些?设计时使用同步端反馈和异步端反馈的主要区别是什么?

(2) 若用74LS192构成初态为0的六进制减法计数器、六十进制减法计数器,应该如何设计?试画出接线图。

实验六　移位寄存器及其应用

一、实验目的

(1) 掌握中规模四位双向移位寄存器的逻辑功能及使用方法。

(2) 熟悉用移位寄存器实现串行累加器和环形计数器的方法。

(3) 掌握Multisim软件的原理图输入方法及实验结果的仿真测试方法(线上)。

二、实验设备及器材

(1) 数字电路实验箱及+5V直流电源。

(2) 逻辑电平开关。

(3) 0-1指示器。

(4) 单次脉冲源。

(5) 芯片74LS194×2、74LS00。

(6) 安装Multisim软件的计算机。

三、 实验原理

1. 移位寄存器

移位寄存器是一个具有移位功能的寄存器，是指寄存器中所存的代码能够在移位脉冲的作用下依次左移或右移。既能左移又能右移的移位寄存器称为双向移位寄存器，只需要改变左移、右移的控制信号便可以实现双向移位要求。根据移位寄存器存取信息方式的不同可以分为串入串出、串入并出、并入并出 4 种形式。

本实验选用的四位双向通用移位寄存器 74LS194 具有 5 种功能：异步清零、并行送数、右移串行送数、左移串行送数、保持。其引脚排列和逻辑符号如图 3.68 所示。逻辑功能如表 3.33 所示。

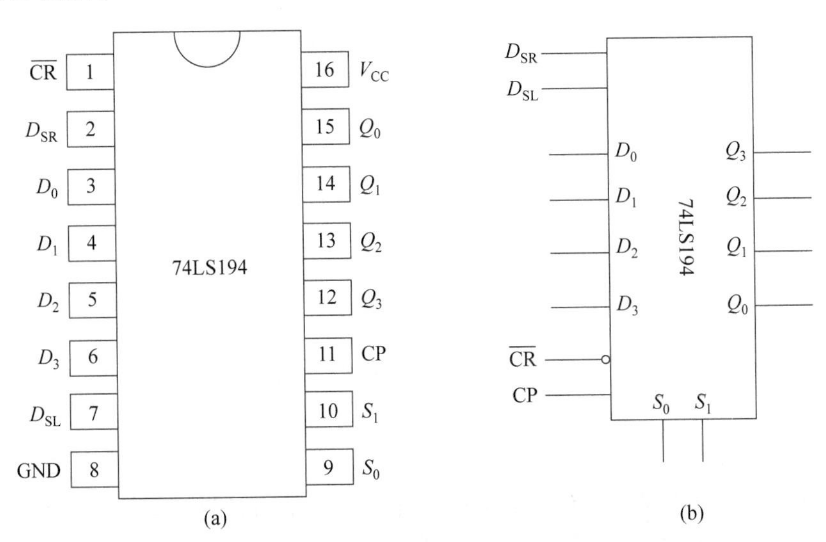

图 3.68　74LS194 双向移位寄存器引脚排列及逻辑符号

(a)74LS194 引脚排列；(b)74LS194 逻辑符号

表 3.33　74LS194 逻辑功能

功能	输入										输出			
	CP	$\overline{CR}$	S_1	S_0	D_{SR}	D_{SL}	D_0	D_1	D_2	D_3	Q_0	Q_1	Q_2	Q_3
清零	×	0	×	×	×	×	×	×	×	×	0	0	0	0
送数	↑	1	1	1	×	×	d_0	d_1	d_2	d_3	d_0	d_1	d_2	d_3
右移	↑	1	0	1	d_{SR}	×	×	×	×	×	d_{SR}	Q_0	Q_1	Q_2
左移	↑	1	1	0	×	d_{SL}	×	×	×	×	Q_1	Q_2	Q_3	d_{SL}
保持	↑	1	0	0	×	×	×	×	×	×	Q_0^n	Q_1^n	Q_2^n	Q_3^n
保持	↑	1	×	×	×	×	×	×	×	×	Q_0^n	Q_1^n	Q_2^n	Q_3^n

表 3.33 中，CP 为时钟脉冲输入，上升沿有效；$\overline{CR}$为异步清零端，低电平有效；D_0、

D_1、D_2、D_3 为并行数码输入端；Q_0、Q_1、Q_2、Q_3 为并行数码输出端；D_{SR} 为右移串行数码输入端，D_{SL} 为左移串行码输入端；S_0、S_1 为工作状态控制端。$S_1S_0=00$ 时，保持状态不变；$S_1S_0=01$ 时，右移输入（方向由 $Q_0 \to Q_3$）；$S_1S_0=10$ 时，左移输入（方向由 $Q_3 \to Q_0$）；$S_1S_0=11$ 时，并行输入。

2. 环形计数器

把移位寄存器的输出反馈到它的串行输入端，就可以进行循环移位。如图 3.69 所示，把输出端 Q_0 和右移串行输入端 D_{SR} 相连接，设初始状态 $Q_0Q_1Q_2Q_3=0001$，则在时钟脉冲作用下 $Q_0Q_1Q_2Q_3$ 将依次变为 0010→0100→1000→0001→…，可见它是一个具有 4 个有效状态的计数器，这种类型的计数器通常称为环形计数器。图 3.69 所示的电路可以由各个输出端输出在时间上有先后顺序的脉冲，因此也可以作为顺序脉冲发生器。

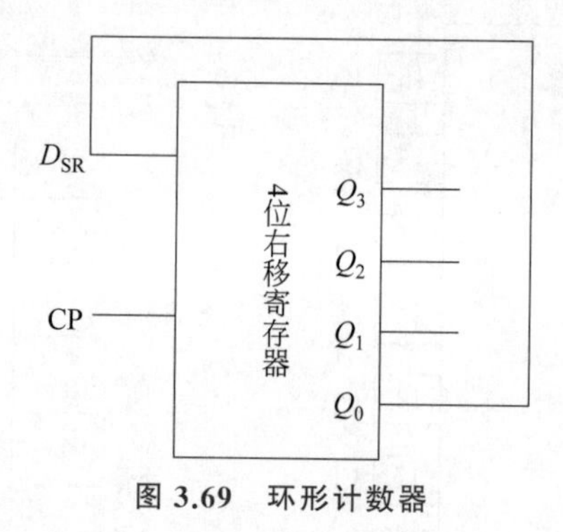

图 3.69　环形计数器

3. 串行累加器

累加器是由移位寄存器和全加器组成一种求和电路，它的功能是将本身寄存的数和另一个输入的数相加，并将结果存放在累加器中。

图 3.70 是由两个右向移位寄存器、一个全加器和一个进位触发器组成的串行累加器。

假设开始时，被加数 $A=A_{n-1}\cdots A_0$ 和加数 $B=B_{n-1}\cdots B_0$ 已分别存入 $(n+1)$ 位累加和移位寄存器和加数移位寄存器，再设进位触发器 D 端已被清零。

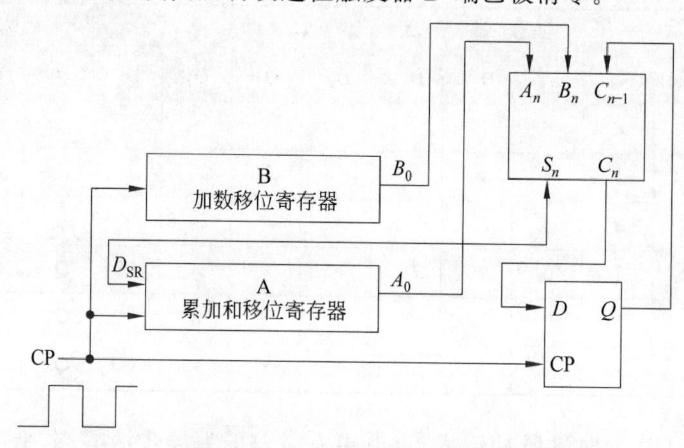

图 3.70　串行累加器结构框图

在第一个 CP 脉冲到来之前，全加器各输入、输出端的情况为 $A_n=A_0$、$B_n=B_0$、$C_{n-1}=0$、$S_n=A_0+B_0+0=S_0$、$C_n=C_0$。

当第一个 CP 脉冲到来之后，S_0 存入累加和移位寄存器的最高位，C_0 存入进位触发器 D 端，且两个移位寄存器中的内容都向右移动一位。全加器输出为 $S_n=A_1+B_1+C_1=S_1$、$C_n=C_1$。

在第二个脉冲到来之后，两个移位寄存器的内容又右移一位，S_1 存入累加和移位寄存器的最高位，原本存入的 S_0 进入次高位，C_1 存入进位触发器 Q 端，全加器输出为 $S_n=A_2+B_2+C_1=S_2$、$C_n=C_2$。

如此顺序进行，到第 $n+1$ 个 CP 时钟脉冲后，不仅原本存入两个移位寄存器中的数已全部移出，且 A、B 两个数相加的和及最后的进位 C_{n-1} 也被全部存入累加和移位寄存器中，若需要继续相加，则加数移位寄存器中需要再一次存入新的加数。

中规模集成移位寄存器，其位数往往以 4 位居多，当需要的位数多于 4 位时，可以把几块移位寄存器级联起来扩展位数。

四、 实验内容

1. 线下实验方式

1）测试 74LS194 的逻辑功能

按照图 3.71 接线，$\overline{CR}$、D_0、D_1、D_2、D_3、D_{SR}、D_{SL}、S_0、S_1 分别接逻辑电平开关的输出插口。Q_0、Q_1、Q_2、Q_3 接至 0-1 指示器输入插入口。CP 接单次脉冲源输出插口。按照表 3.34 所规定的输入状态逐项进行测试，将测试结果记录在表中。

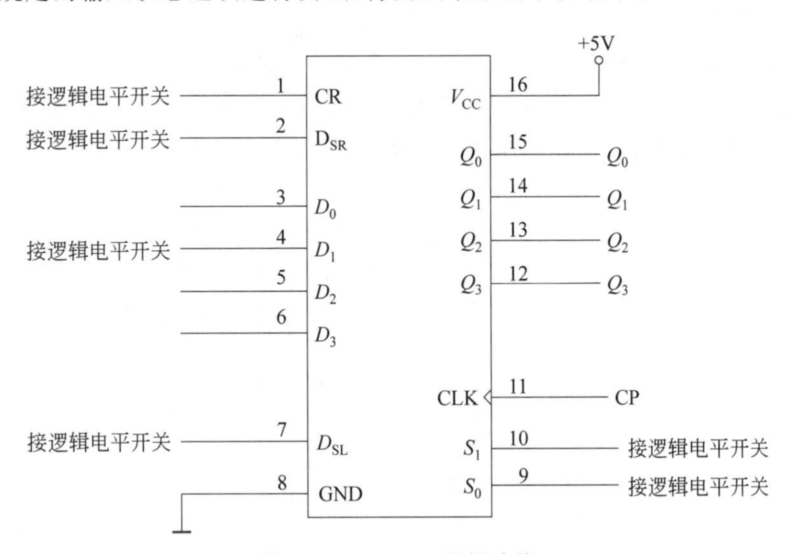

图 3.71 74LS194 逻辑功能

（1）清除。令$\overline{CR}=0$，其他输入为任意态，这时寄存器输出 Q_0、Q_1、Q_2、Q_3 应该均为 0。清除后，置$\overline{CR}=1$。

表 3.34　74LS194 逻辑功能测试结果记录表

清除	模	式	时钟	串	行	输　　入	输　　出	功能总结
$\overline{CR}$	S_1	S_0	CP	D_{SL}	D_{SR}	$D_0D_1D_2D_3$	$Q_0Q_1Q_2Q_3$	
0	×	×	×	×	×	××××		
1	1	1	↑	×	×	1010		
1	0	1	↑	×	0	0101		
1	0	1	↑	×	1	0101		
1	1	0	↑	1	×	1011		
1	1	0	↑	0	×	1011		
1	0	0	↑	×	×	*dcba*		

(2) 送数。令$\overline{CR}=S_1=S_0=1$，送入任意 4 位二进制数，如 $D_0D_1D_2D_3=1010$，加 CP 脉冲，观察 $CP=1$、CP 由 0→1、CP 由 1→0 三种情况下寄存器输出状态的变化，观察寄存器输出状态的变化是否发生在 CP 脉冲的上升沿。

(3) 右移。清零后，$\overline{CR}=1$、$S_1=0$、$S_0=1$，由右移输入端 D_{SR} 送入二进制数码，如 0101，由 CP 端连续加 4 个脉冲，观察输出情况并记录。

(4) 左移。先清零或预置，再令$\overline{CR}=1$、$S_1=1$、$S_0=0$，由左移输入端 D_{SL} 送入二进制数码，如 1011，由 CP 端连续加 4 个脉冲，观察输出情况并记录。

(5) 保持。寄存器预置任意 4 位二进制数码 dcba，令$\overline{CR}=1$、$S_1=S_0=0$，加 CP 脉冲，观察输出情况并记录。

2) 测试 74LS194 的循环移位

首先按照图 3.72 进行接线，用并行送数法预置寄存器为某二进制数码(如 0110)。然后进行右移循环，观察寄存器输出端状态的变化，记录在表 3.35 中。

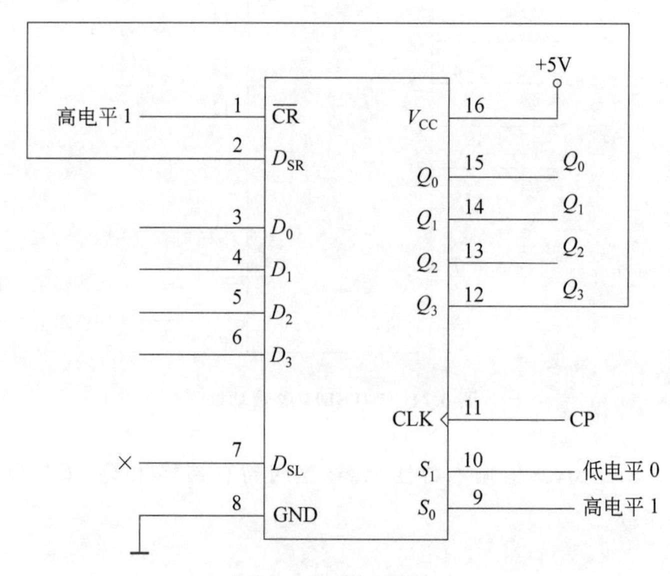

图 3.72　循环移位

表 3.35 74LS194 实现循环移位

CP	$Q_0Q_1Q_2Q_3$
第 1 个脉冲	
第 2 个脉冲	
第 3 个脉冲	
第 4 个脉冲	
第 5 个脉冲	

2. 线上实验方式

(1) 74LS194 的逻辑功能测试 Multisim 仿真电路如图 3.73 所示。图 3.73 所示的仿真电路实现的是 74LS194 左移功能。其他 74LS194 逻辑功能测试按照线下实验方式 1) 逐个测试。

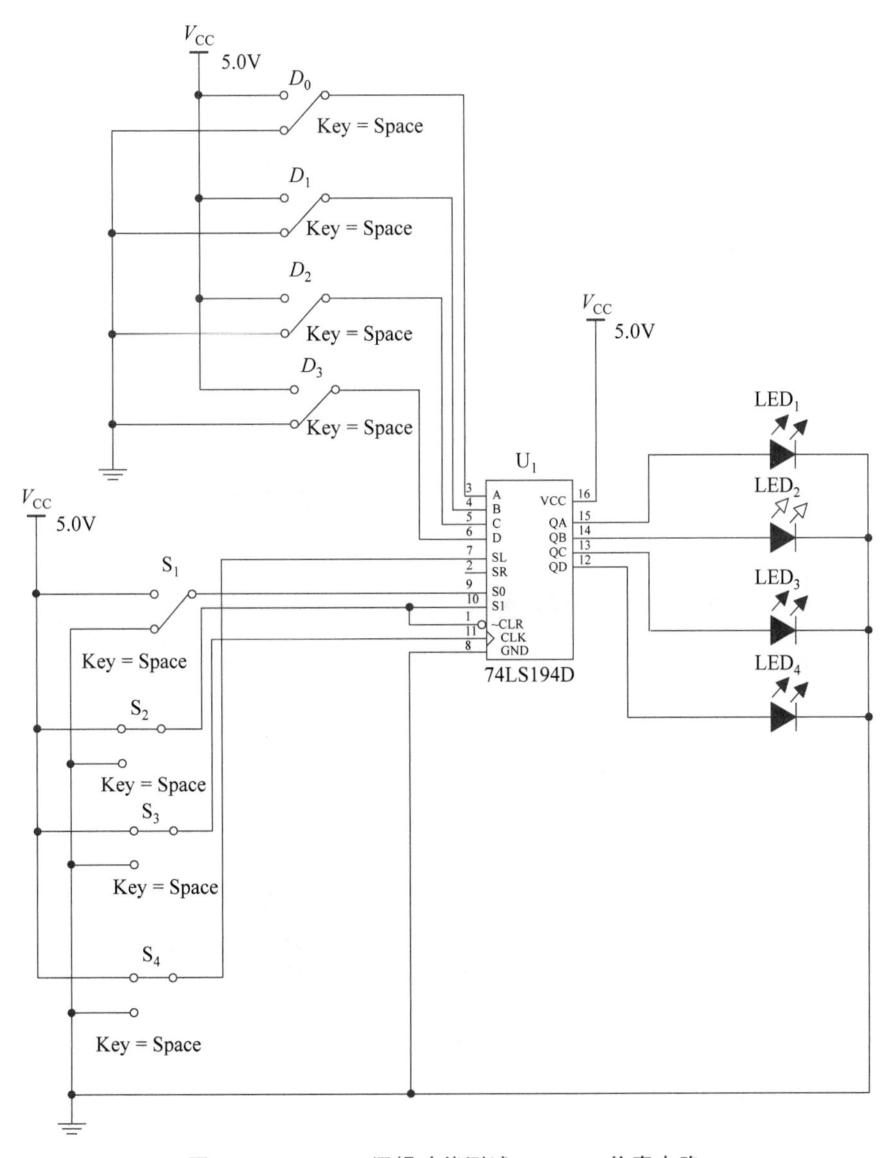

图 3.73 74LS194 逻辑功能测试 Multisim 仿真电路

图 3.73 中的 Multisim 仿真电路在构建过程中需要注意以下几点。

① 图中将送数据输入端分别连接单刀双掷开关来实现任意二进制数的输入。与此同时，仿真电路图变得稍微有些大，这时就需要将 Multisim 的电路绘制区调大，具体步骤如下。选择 Options→Sheet Properties（选项→画布属性）选项，打开 Sheet Properties 对话框，切换至 Workplace 选项卡，如图 3.74 所示，在 Sheet size（画布大小）下拉列表框中选择 AO 选项，这样 Multisim 的电路绘制区就变大了。

② 左移脉冲通过单刀双掷开关 S_3 仿真实现，左移输入端 SL 也连接单刀双掷开关，通过高低电平仿真实现输入二进制数码。如仿真实验中，依次从左移输入 SL 端输入二进制数 1011，注意这里从 SL 输入一位二进制数，如 1，就需要送入单次脉冲由低电平变为高电平，以模拟上升沿，此时 74LS194 的输出端应为 0001，再继续输入第二个二进制数 0，同样单次脉冲 S_3 由低电平变为高电平，那么此时 74LS194 的输出端应为 0010。依次类推，直到 4 位二进制数全部输入到左移输入 SL 端，同时单刀双掷开关也实现了 4 次脉冲，最后输出端应输出 1011，完成左移功能。其仿真实验结果如图 3.73 所示。

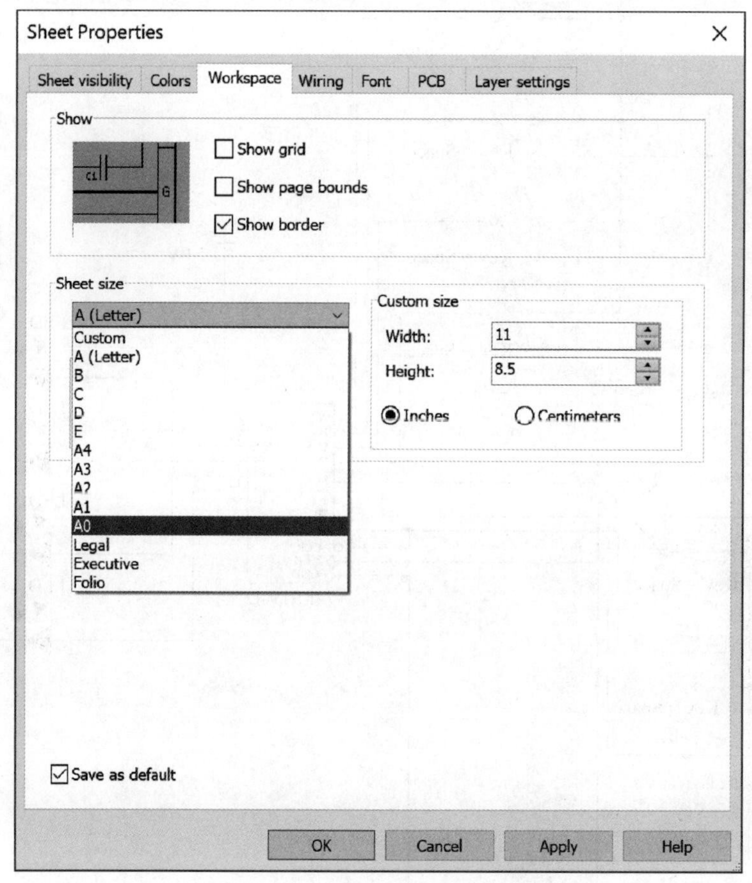

图 3.74　Sheet Properties 对话框

（2）其他电路测试方法按照线下实验方式进行仿真实验，过程类似，这里不再赘述。

五、 实验预习要求

(1) 复习寄存器相关内容。

(2) 查阅 74LS194 等引脚图,熟悉其引脚排列及逻辑功能。

(3) 在对 74LS194 进行置数后,若要使输出端改成另外的数码,是否一定要使寄存器清零?

(4) 熟悉 Multisim 软件原理图输入方法及电路编译、仿真方法。

六、 实验报告

按照实验目的、实验原理、实验设备、实验内容、实验数据、实验总结撰写实验报告,具体要求如下。

(1) 分析表 3.34 的实验结果,总结移位寄存器 74LS194 的逻辑功能并填写表格功能总结一栏。

(2) 按照实验原理内容 2 的结果,画出 4 位环形计数器的状态转换图及波形图。

(3) 分析累加运算所得结果的正确性。

七、 问题思考与练习

使寄存器清零,除采用$\overline{CR}$输入低电平外,可否采用左移或右移的方法?可否使用并行送数法?若可行,如何进行操作?

第 4 章

Multisim 14 仿真软件入门

4.1　常用仿真软件的比较

电子电路仿真技术，通常意义上而言，主要是将电子器件及电路模块用数学模型的方式表达出来，而后再通过精确的数值分析，最终精准地把握电路的实际工作状态。电子电路仿真软件具有海量而齐全的电子元器件库和先进的虚拟仪器、仪表，十分方便进行仿真与测试；仿真电路连接简单、快捷、智能化，不需要焊接，使用仪器调试不用担心损坏，可以大幅减少设计时间及成本，还可以进行多种精确而复杂的电路分析。因此，电子电路仿真软件技术的应用大大推动了电子技术应用开发进程。电子电路仿真技术也是当今相关专业工作者及学习者必须掌握的技术之一。随着电子电路仿真技术的不断发展，许多公司推出了各种功能先进、性能强劲的电子电路仿真软件。目前主要有以下几款主流的电子电路仿真软件。

4.1.1　Altium Designer

Altium Designer 继承了 Protel 99 SE、Protel DXP 的功能和优点，全面集成了现场可编程门阵列(field programmable gate array，FPGA)设计功能和可编程片上系统(system on programmable chip，SOPC)设计实现功能，主要用于原理图设计、电路仿真、印制电路板(printed-circuit board，PCB)绘制编辑等。Altium Designer 的缺点是对复杂板的设计不及 Cadence。

4.1.2　TINA

TINA 的界面简单直观，元器件不算多，但是分类很好，而且德州仪器(Texas Instruments，TI)公司的元器件相对齐全。在比赛时经常用到 TI 公司的元器件，当 Multisim 找不到对应的器件时，就会用 TINA 来仿真。

TINA 的缺点是功能相对较少，对 TI 公司之外的元器件支持较少。

4.1.3 Proteus

Proteus 作为一款集电路仿真、PCB 设计、单片机仿真于一体的软件，它的动态仿真是基于帧和动画的，因而提供了很好的实时显示视觉效果。Proteus 支持单片机汇编语言的编辑、编译、源码级仿真，内带 8051 单片机、AVR 单片机、PIC(Peripheral Interface Controller)的汇编语言编译器，也可以与第三方编译环境(如 IAR、Keil 和 HighTech)结合，进行高级语言的源码级仿真和调试。Proteus 的缺点是在电路的数据计算方面存在不足。

4.1.4 Cadence

Cadence 收购并整合了 PSpice 的功能，涵盖了电子设计的整个流程，包括系统级设计，功能验证，IC 综合级布局布线，模拟信号、混合信号及射频 IC 设计，全定制 IC 设计，IC 物理验证，PCB 设计和硬件仿真建模等。Cadence 是复杂 EDA 设计的首选。

Cadence 的缺点是操作较为复杂，比较适合复杂板的开发。

4.1.5 MATLAB 仿真工具包 Simulink

Simulink 是 MATLAB 软件工具包中最重要的功能模块之一，是交互式、模块化的建模和仿真动态分析系统。在电力电子领域，通常利用 Simulink 建立的电力电子装置的简化模型组成系统进行控制器的设计和仿真。其数据处理十分有效、精细，运行速度较快，但主要是对理想模型的仿真。

4.1.6 Multisim

在模拟电子技术、数字电子技术的复杂电路虚拟仿真方面，Multisim 的效果表现良好。它有形象化的、极其真实的虚拟仪器，无论是界面外观还是内在功能，都达到了很高水平。它有专业的界面和分类，具备强大而复杂的功能，在数据的计算特别是模拟电路方面极其准确。同时，Multisim 不仅支持微控制单元(microcontroller unit，MCU)，还支持汇编语言和 C 语言为单片机写入程序，并有与之配套的制版软件 Ultiboard，可以提供从电路设计到制版的一条龙服务。

4.2 NI Multisim 14 软件简介

NI Multisim 14 是美国国家仪器有限公司(National Instruments，NI)推出的以 Windows 系统为基础的、符合工业标准的、具有 SPICE 仿真模型的电路设计套件。该电路设计套件含有 NI Multisim 14 和 UItiboard 14 两个软件，能够实现电路原理图的图形输入、电路硬件描述语言输入、电子线路和单片机仿真、虚拟仪器测试、多种性能分析、PCB 布局布线和基本机械 CAD 设计等功能。本章主要介绍 NI Multisim 14。

NI Multisim 14 电路仿真软件可追溯到 20 世纪 80 年代末，加拿大图像交互技术公司(Interactive Image Technologies，IIT)推出的一款专门用于电子线路仿真的虚拟电子工作平台(electronics workbench,EWB),它可以对数字电路、模拟电路及模拟/数字混合电路进行仿真,克服了传统电子产品设计受实验室客观条件限制的局限性,能够用虚拟元件搭建电路,用虚拟仪表进行元件参数和电路性能的测试。1996 年推出 EWB 5.0 版本,由于其操作界面直观、操作方便、分析功能强大、易学易用等突出优点,在我国高等院校得到迅速推广,也受到电子行业技术人员的青睐。

在 EWB 5.0 版本后,IIT 公司对 EWB 进行升级,将专门用于电子电路仿真的模块更名为 Multisim,将原 IIT 公司的 PCB 制版软件 Electronics Workbench Layout 更名为 Ultiboard。为了增强其布线能力,开发了 Ultiboard 布线引擎,还推出了用于通信系统的仿真软件 Commsim。至此,Multisim、Ultiboard、Ultiroute 和 Commsim 构成 EWB 的基本组成部分,能够完成从系统仿真、电路仿真到电路版图生成的全过程。其中最具特色的是电路仿真软件 Multisim。

2003 年,IIT 公司又对 Multisim 2001 进行了较大的改进,升级为 Multisim 7,提供了 19 种虚拟仪器,尤其增加了 3D 元件及万用表、示波器、函数信号发生器等仿实物的虚拟仪表,将电路仿真分析增加到 19 种,元件增加到 13 000 个;提供了专门用于射频电路仿真的元件模型库和仪表,以此搭建射频电路并进行实验,提高了射频电路仿真的准确性。随后推出的 Multisim 8,增加了虚拟示波器,仿真速度有了进一步提高,而仿真界面、虚拟仪表和分析功能都变化不大。

2005 年以后,IIT 公司隶属于 NI 公司,于 2005 年 12 月推出 Multisim 9,其仿真界面、元件调用方式、搭建电路、虚拟仿真、电路分析等方面没有很大改变,但软件的内容和功能有了很大不同,将 NI 公司的 LabVIEW 仪表融入了 Multisim 9,从而可以将实际输入输出(input/output,I/O)设备接入 Multisim 9,克服了原 Multisim 软件不能采集实际数据的缺陷。Multisim 9 可以与 LabVIEW 软件交换数据,调用 LabVIEW 虚拟仪表,增加了 51 系列和 PIC 系列的单片机仿真功能,以及交通灯、传送带、显示终端等高级外部设备元件。

NI 公司于 2007 年 8 月发行 NI 系列电子电路设计套件(NI Circuit Design Suite 10),该套件含有电路仿真软件 NI Multisim 10 和 PCB 制作软件 NI Ultiboard 10 软件。安装 NI Multisim 10 时,会同时安装 NI Ultiboard 10,且两个软件位于同一路径下,给用户使用带来极大的方便。该套件增加了交互部件鼠标的单击控制,虚拟电子实验室虚拟仪表套件(NI ELVIS Ⅱ)、电流探针、单片机的 C 语言编程及 6 个 NI ELVIS 仪表。

2010 年初,NI 公司正式推出 NI Multisim 11。该版本新增了 550 多种元器件,使元件总数达到了 17 000 余种,提升了可编程逻辑器件(programmable logic device,PLD)原理图设计仿真与硬件实现一体化融合的性能。通过安装 NI ELVISmx 驱动软件 4.2.3 及以上版本,用户可以访问一个新的 NI ELVIS 仪器——波特图分析仪,可以帮助学生分析其实际电路。该版本还新增 100 多种新型基本元器件,搭接电路后可直接生成超高速集成电路硬件描述语言(VHSIC hardware description language,VHDL)代码。为了帮助用户熟悉仿真软件的使用,NI Multisim 11 自身携带了大量的实例,用户可以通过关键词或带有逻辑性的文件夹搜索所有范例,提高了 Multisim 原理图与 Ultiboard 布线之间的设计同步性与完整性。

2012年3月，NI公司正式推出NI Multisim 12，添加了新的SPICE仿真模型，LabVIEW和Multisim结合得更加紧密，虚拟仪表和实际仪表面板完全相同，能动态交互和显示。2013年12月，NI公司正式推出NI Multisim 13，2015年4月NI公司推出NI Multisim 14，本书采用的版本是2022年4月发布的NI Multisim 14.3，其主要特点如下。

(1) Multisim 14.3提供良好的电路仿真体验，无论是模拟电路还是数字电路，用户都可以利用集成的示波器、函数发生器、信号发生器等工具对电路进行全面而精确的仿真分析。

(2) 软件内置13个行业标准库，涵盖基本元件、运算放大器、模拟和数字器件、传感器等多种元件。此外，用户还可以通过NI官方网站下载更多元件，进一步扩展Multisim 14.3的功能与应用范围。

(3) Multisim 14.3不仅能够验证电路设计是否满足特定的性能要求，如预期的增益或幅度响应，还提供了设计自动化功能，可以帮助用户快速设计和验证原型电路，确保性能达标。

(4) Multisim 14.3能够应对大型和复杂电路的模拟需求，支持多次仿真，便于用户比较不同的设计方案。同时，它还支持多线程技术，可以利用多核处理器提升仿真效率。

(5) 在仿真过程中，Multisim 14.3能够实时显示电路的运行状态，并提供了多种可视化工具，如波形图、频谱图、波特图等，帮助了解电路的性能指标。

(6) 对于学生和教师，Multisim 14.3提供了丰富的学习工具，包括交互式电路实验、电路故障诊断、自动检查和教学示例等。它还支持保存和导出仿真数据，为学生撰写实验报告提供便利。

4.3 NI Multisim 14的安装

使用NI Multisim 14软件之前，首先要下载、安装NI Multisim 14软件。

4.3.1 NI Multisim 14软件的下载

(1) 进入NI网站(www.ni.com)的程序下载页面，如图4.1所示。

(2) 在图4.1的搜索栏中输入NI Multisim，可以找到Multisim的下载位置，如图4.2所示。

(3) 单击“下载Multisim”链接，弹出图4.3所示的版本选择页面，在版本下拉列表框中选择14.3选项，单击选中“教学版”单选按钮。

(4) 然后单击页面右下方的“下载”按钮，会弹出注册登录页面，如图4.4所示。

(5) 注册完成后，会弹出NI Package Manager下载页面，如图4.5所示。

(6) 单击“下一步”按钮下载NI Package Manager，弹出许可协议页面，如图4.6所示，单击选中“我接受上述2条许可协议。”单选按钮，单击“下一步”按钮。

(7) 随即弹出图4.7所示的同意对话框，再次单击“下一步”按钮，弹出检查对话框，与同意对话框相似，继续单击“下一步”按钮。

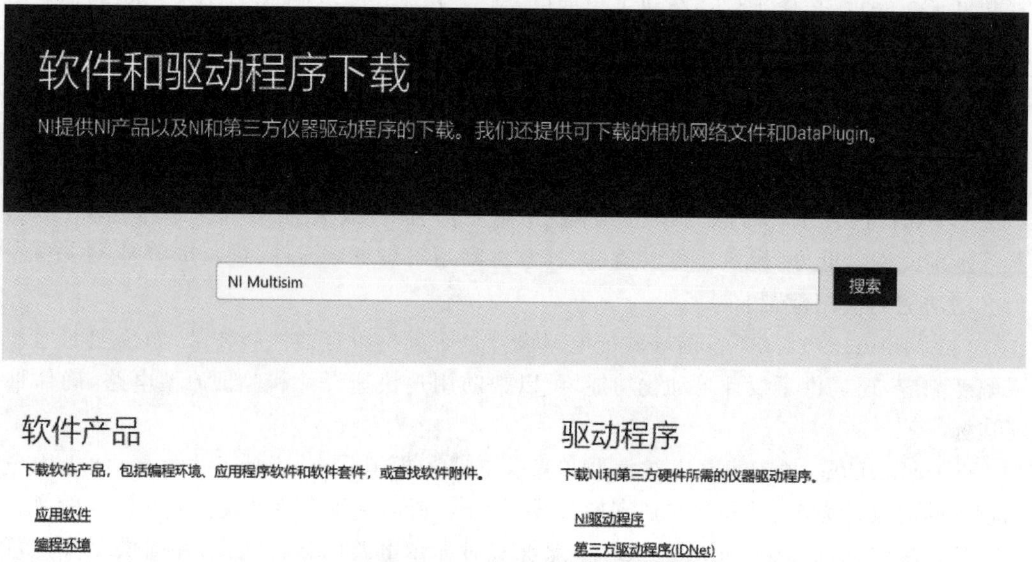

图 4.1 NI Multisim 搜索页面

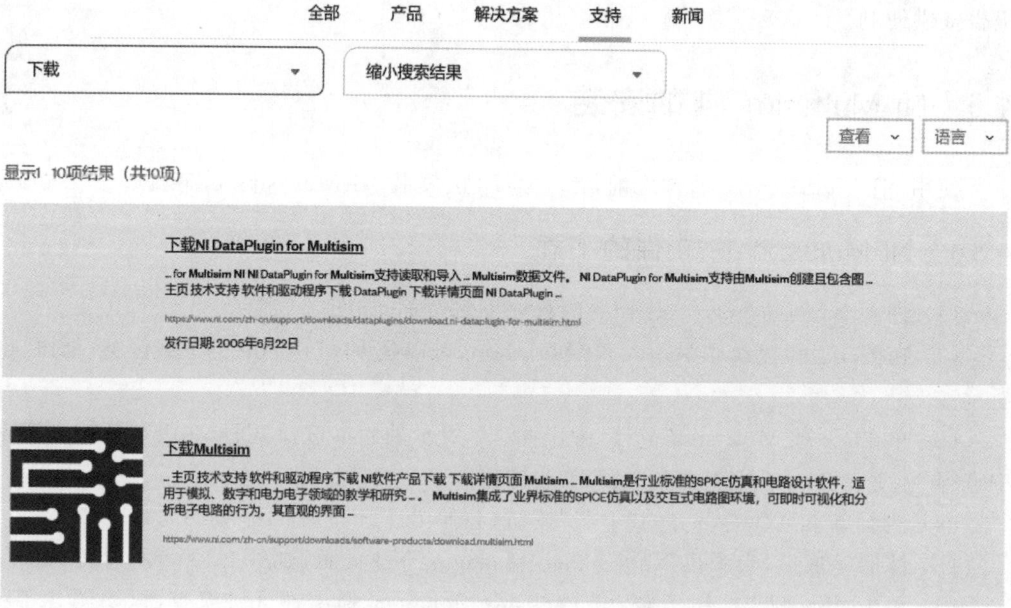

图 4.2 搜索到 NI Multisim 的页面

Multisim

Multisim是行业标准的SPICE仿真和电路设计软件，适用于模拟、数字和电力电子领域的教学和研究。

+ 了解更多

下载

受支持的操作系统	Windows	查看发行说明
版本	14.3	
包含的版本	◉ 教学版 ○ 专业版	
应用程序位数	32位 和 64位	
语言	德语, 英文	

Multisim 14.3教学版

发布日期
2022/4/28

包含的版本
14.3.0

> 受支持的操作系统
> 语言
> 校验和

下载　离线安装

文件大小
6.46 MB

图 4.3　NI Multisim 版本选择页面

创建NI用户账号

已经注册NI账号? 登录 >

姓　名

职务

请选择

电子邮件地址

密码

创建账号

每个公司都称自己非常重视隐私，但我们绝不只是口头承诺，而是会认真采取措施，保护您的个人数据。请查看我们的隐私声明。

图 4.4　注册登录页面

正在下载Multisim 14.3教学版

下一步

软件下载完成后，运行软件的可执行文件以打开NI Package Manager，并通过它安装所下载的软件。

如果系统没有自动开始下载，请重新开始下载。

了解详情

注册软件

注册软件后可享受更流畅的技术支持、校准和维修服务以及重要消息通知。

激活许可证

激活许可证后，您就可以使用该许可证包含的全部功能。NI提供了在线和脱机激活方法。

在多台计算机上自动安装软件

某些许可证可允许在多台计算机上安装软件。NI建议您通过批处理文件来实现自动安装。

图 4.5　NI Package Manager 下载页面

NI Package Manager

选择　同意　检查　完成

必须接受许可协议才能继续。

NI　.NET 4.8

美国国家仪器软件许可协议

请仔细阅读本软件许可协议（以下简称“本协议”）。一旦您下载及/或点击相应的按钮，从而完成软件安装过程，或以其他方式执行适用报价（定义见下文），即表示您同意本协议条款并愿意受本协议的约束。若您不愿意成为本协议的当事方，不接受本协议　所有条款和条件的约束，请不要安装或使用本软件，并在收到软件之日起三十（30）日内将本软件（及所有　随附书面材料及其包装）退还。所有退还事宜都应遵守退还发生时适用的NI退还政策。如果您是代表一个法律实体接受本协议的约束，即表示您同意并声明您有权使该实体受本协议的约束，且本协议中的“您”和“您的”应指该实体。“报价”指NI向您提供的有关软件许可购买的报价单或类似订购文件，此类文件经援引、超链接或其他方式纳入本协议。

该许可协议适用于下列程序包：NI Package Manager

○ 我不接受全部许可协议。　◉ 我接受上述2条许可协议。

下一步

图 4.6　NI Package Manager 许可协议页面

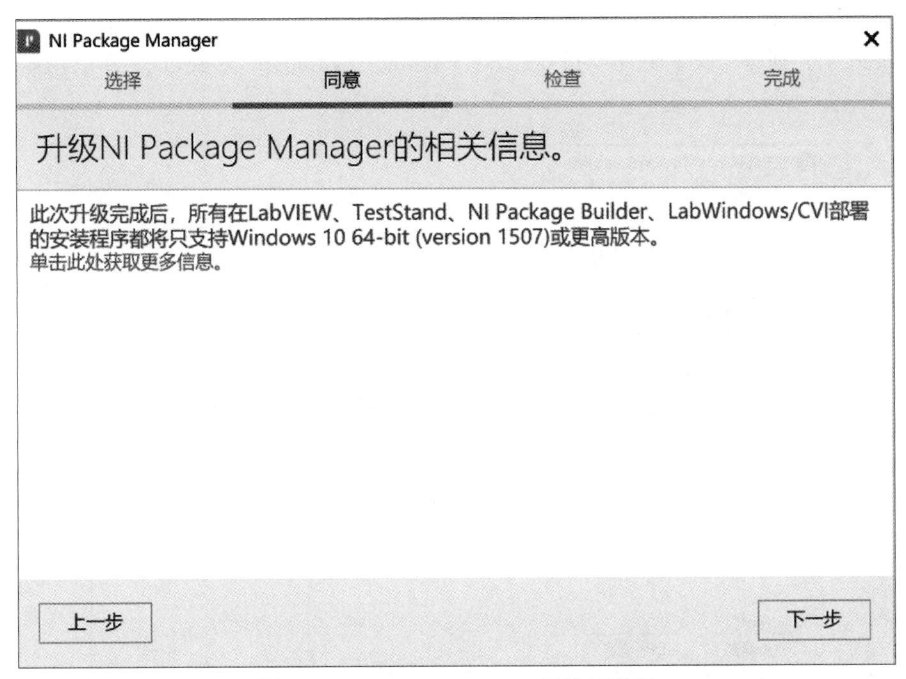

图 4.7 NI Package Manger 同意对话框

(8) 弹出对话框进行 NI Package Manager 安装并显示其安装进程直至安装完毕，如图 4.8 所示。

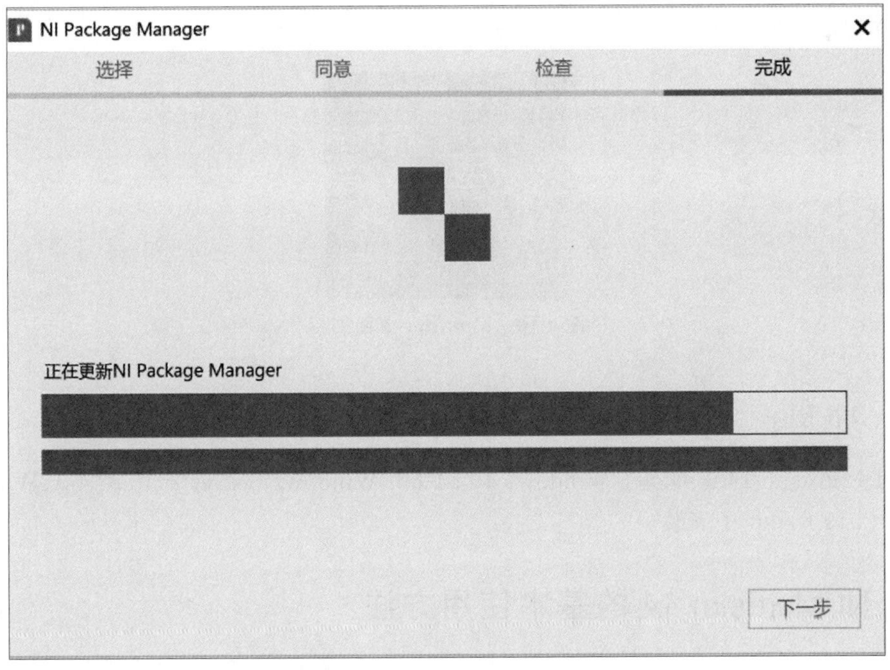

图 4.8 NI Package Manager 安装对话框

(9) NI Package Manager 安装完毕后,会弹出 Circuit Design(电路设计)套件安装对话框,如图 4.9 所示,安装过程与以上 NI Package Manager 安装过程类似,这里不再赘述。

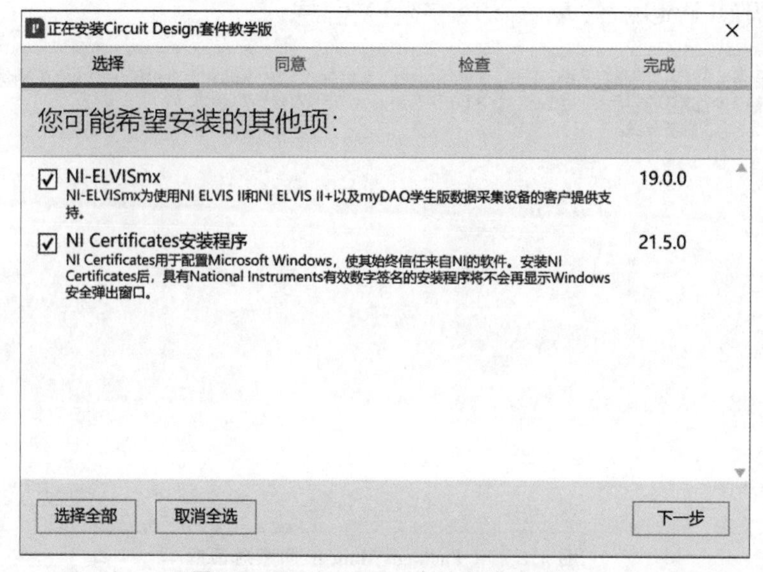

图 4.9 Circuit Design 套件安装对话框

(10) 安装完毕后,用户可以选择"开始"→"最近添加"→NI Multisim 14.3 和 NI Ultiboard 14.3 选项进行访问,可以拖动 NI Multisim 14.3 至桌面生成 Multisim 图标,如图 4.10 所示。

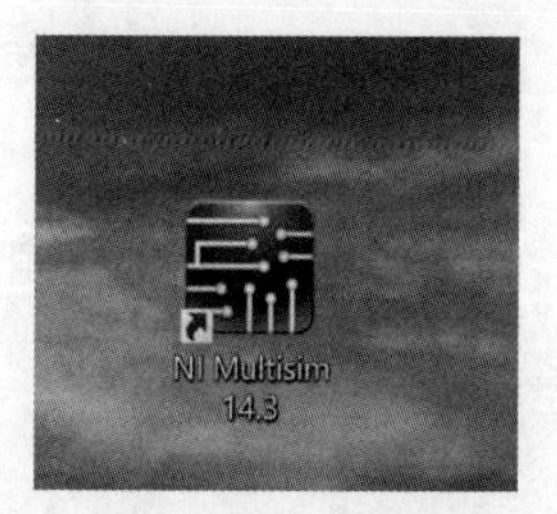

图 4.10 Multisim 桌面图标

4.3.2 NI Multisim 14.3 的安装环境

NI Multisim 14.3 可以在 Windows 10 64-bit、Windows Server 2016 64-bit、Windows Server 2019 64-bit 中安装。

4.4 NI Multisim 14 的基本使用方法

Multisim 14 的主窗口包括标题栏、菜单栏、工具栏、项目管理区、电路绘制区、虚拟仪器栏及结果数据区七大部分菜单栏,如图 4.11 所示。

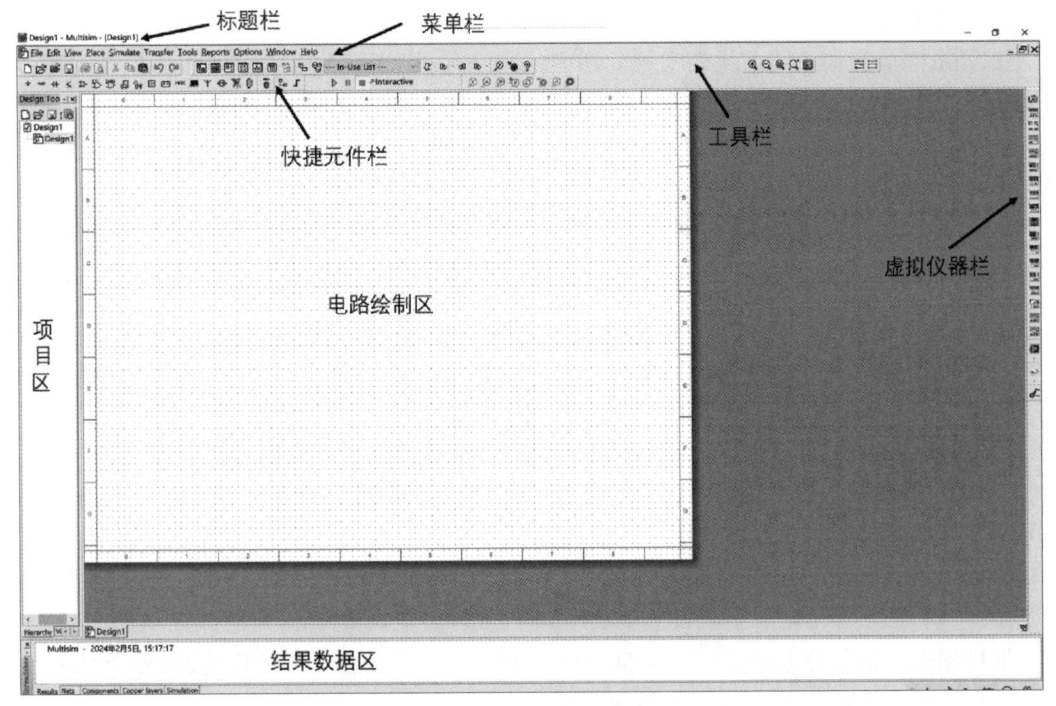

图 4.11　Multisim 14 主窗口

1. 标题栏

显示当前打开软件的名称及当前文件的路径、名称。

2. 菜单栏

菜单栏提供了各类命令，如图 4.12 所示。其使用方法等同于 Windows 系统其他应用软件。

File Edit View Place Simulate Transfer Tools Reports Options Window Help

图 4.12　Multisim 14 菜单栏

这里介绍以下简单的电路常用命令的含义。

(1) Place(绘制)。绘制电路时，根据设计需要，向电路设计区放置元器件、节点、总线、说明文字、标题、模块电路、多图电路等。

(2) Simulate(仿真)。Run(启动仿真功能)、Intruments(放置各种虚拟仪器)、Analyses(选择仿真项目)、Seting(设置仿真参数)等。

(3) Transfer(转移)。主要用于将仿真通过的电路转换为 PCB 所需的文件。

(4) Tools(工具)。数据库操作、标准电路生成、元器件重命名和替换、电路检测工具及一些编辑器工具等。

(5) Reports(生成报表)。生成与电路相关的各种报表，如主要的元器件清单，可以将其存为文本文件。

3. 工具栏

Multisim 收集了一些比较常用的功能,将它们图标化以方便用户操作使用。主要包括标准工具栏、主工具栏、元件库工具栏、仿真运行命令及探针和虚拟仪器栏等。

(1) 标准工具栏、主工具栏。图 4.13 左边是标准工具栏,主要是一些快捷命令图标,与菜单命令相对应。需要注意的是单击第三个蓝色打开图标(矩形框内),可以直接打开 Multisim 自带的样例电路,初学者可以学习一下。右边是主工具栏,可进行电路的建立、仿真及分析,最终输出设计数据等,完成对电路从设计到分析的全部工作,其中的图标可以直接开关下层工具栏。

--- In-Use List ---

图 4.13　系统工具栏

(2) 元器件工具栏、仿真运行命令图标及探针命令图标。元器件工具栏是打开选择元器件库的快捷工具栏。单击某一个元件库工具栏图标,即可打开相应系列元件库,可以根据需要选择。图 4.14 左边矩形框为元件库栏,上部为实元器件栏,下部为虚元器件栏。基本窗口一般不显示虚元器件库栏,为了方便,可以将鼠标置于工具栏位置,右击显示虚元器件图标。仿真命令(图 4.14 中间矩形框所示):可以进行仿真开始、暂停及结束工作。探针命令图标如图 4.14 右边矩形框所示。

Interactive

图 4.14　元器件工具栏、仿真运行命令及探针

(3) 虚拟仪器栏。图 4.15 所示的虚拟仪器栏提供了 21 种仪器图标,以供各种情况下使用。

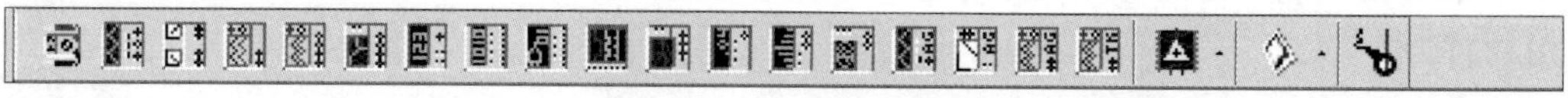

图 4.15　虚拟仪器栏

4. 项目区(design toolbox)

项目区包括三项内容。

(1) 电路组成的结构区(hierarchy)。显示当前电路组成结构情况,比如可以观察子电路、公用电路、三维面包板等层次结构。

(2) 显示状态区(visibility)。选择当前电路的显示状态,可以根据需要选择显示与否。

(3) 电路工程结构区(project view)。显示当前电路工程的构成情况,对于一个由较多模块或子电路组成的电路,需要建立一个电路工程项目,把所有有关的文件分类放于其中,非常便于管理。

5. 电路绘制区

电路绘制区供用户设计原理图绘制、搭建和编辑电路使用。

6. 结果数据区

数据表观察区又称信息窗口，在该窗口中可实时显示文件运行阶段消息。其包括4个选项。

(1) Results(运行结果框)。显示电路语法和检测结果等。

(2) Nets(电路节点框)。观察电路节点情况。单击某节点，对应该节点所连接的线路会被选中。据此可以查看或编辑该线路。

(3) Components(元器件框)。观察电路所使用的元器件情况。

(4) PCB Layers(PCB层)。观察电路PCB情况。

4.5　NI Multisim 14简单电路仿真的流程与步骤

对于一个新用户，尤其是高校的学生来说，首先要掌握的是Multisim软件电路仿真的基本使用方法。一般简单的电路设计流程如图4.16所示。

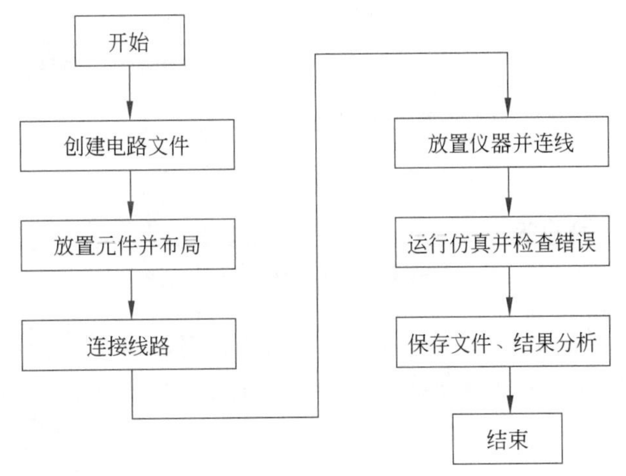

图4.16　简单的电路设计流程

4.5.1　熟悉Multisim 14的设计环境和元器件库

设计环境前面已经介绍过，这里主要对元器件库进行介绍。单击Multisim主窗口元器件工具栏中的任意图标，使用菜单或右击选择Place/Component命令打开元件库对话框，如图4.17所示。

元件库由主元件库、企业库和用户库组成。主元件库是指Multisim自带常用的元器件，不允许用户修改。企业库是指个人或团体创建的元器件，也能被其他用户使用。用户库是指用来保存由用户修改、导入或创建的元器件，仅能供用户自己使用。下面就主元件库结构及使用进行介绍。图4.18所示为主元件库的分层结构。

第一层是组(Group)。这些组包括电源类、基本元器件、二极管、晶体管、运算放大器、TTL、CMOS、MCU集成电路、数模混合元件和显示器等组及一个不分类别的元件组。

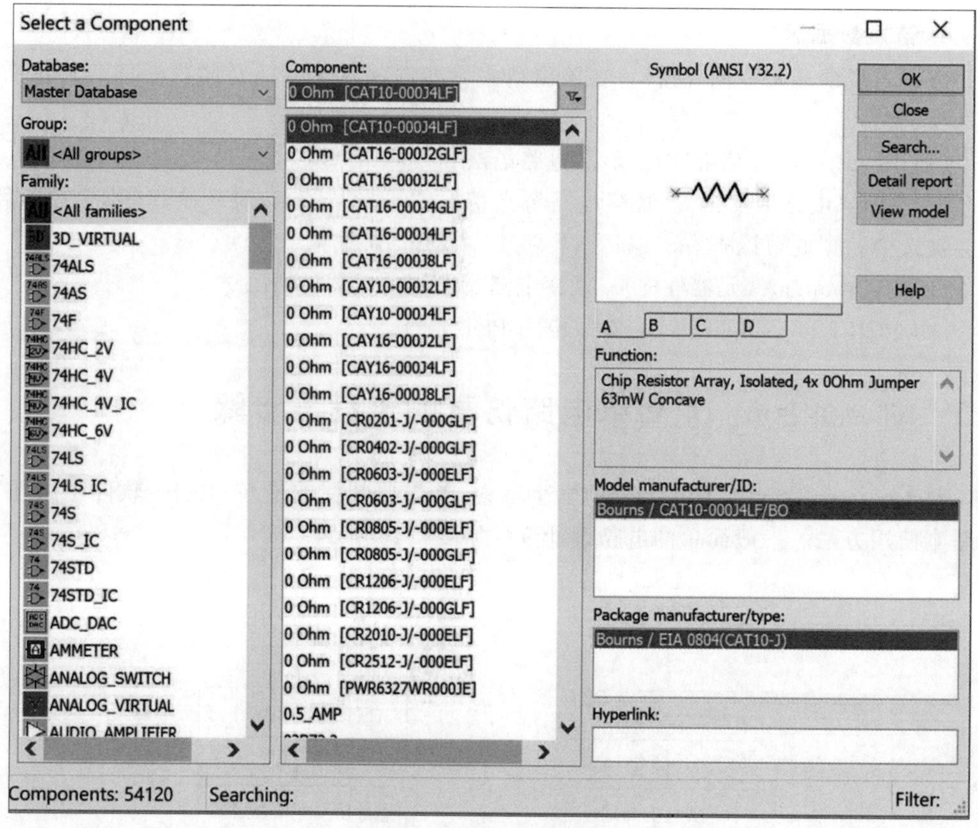

图 4.17 元件库对话框

第二层是系列(Family)。每一组又细分为若干系列，如电源类分为交直流电源、信号源等系列，它们都是实元件；基本元器件包括基本虚拟元件系列、额定虚拟元件系列和基本实元件系列等。

第三层是目标元器件(Component)。每个系列下又由若干元件组成，每个元件都有其模型符号、模型类型(或函数)、模型制造商和印记商等。但是虚拟元件是没有印记的，而且实元件系列如果选择元件为没有印记，就变成了虚元件。

4.5.2 创建电路文件

首先从系统"开始"菜单的所有程序中找到 NI Multisim 图标，单击进行启动，启动 Multisim 后程序将自动建立一个名为 Design1 的空白电路文件，如图 4.19 所示。当然，电路的颜色、尺寸和显示模式都可以定制。这里需要强调的是可以使用 Multisim 14 的菜单栏，建立自己的工程项目文件。即选择 File→New→Project(文件→新建→工程项目)命令建立一个工程项目文件，调入其他文件到相应的显示文件夹中。

4.5.3 放置元器件、布局和接线

1. 放置元器件

一般直接单击元器件工具栏中相应的元器件图标打开元器件库，选择需要的元器件，

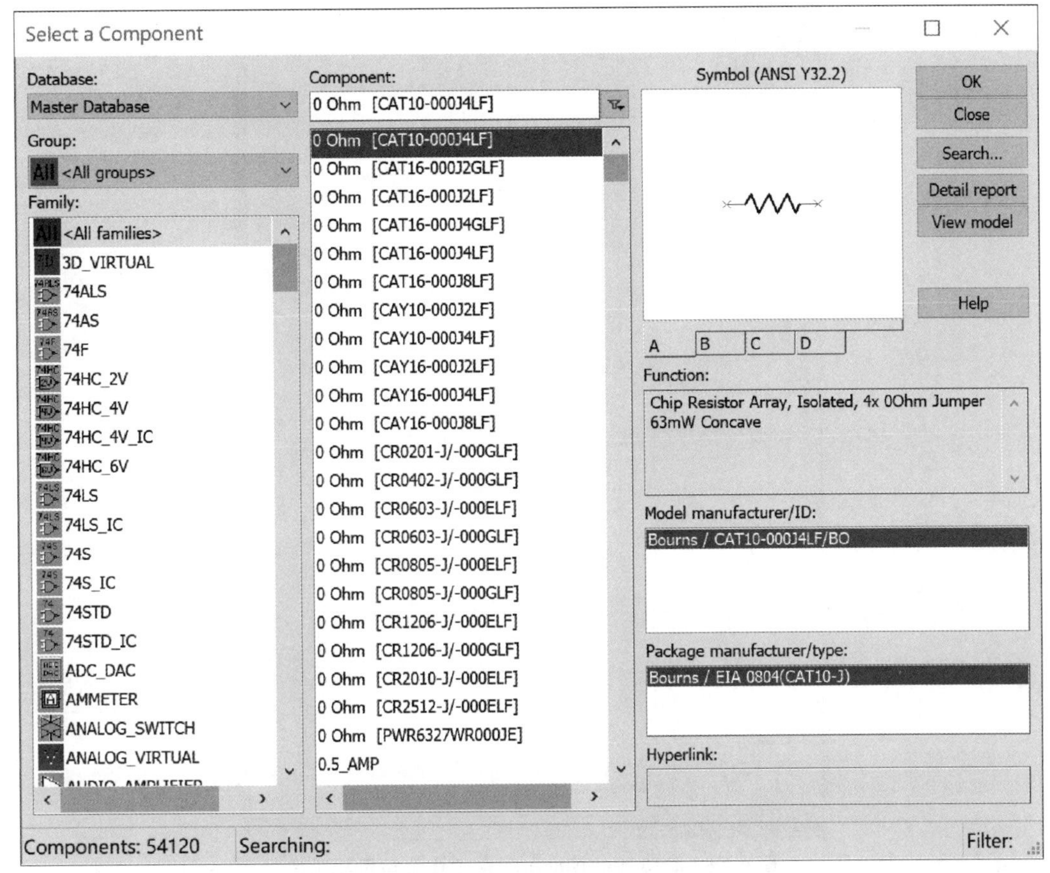

图 4.18 主元件库分层结构

放入电路设计窗口期望的位置即可。如果不清楚元器件所在的组,可以使用元件库中的Search Component(搜索元器件)对话框中的搜索栏输入器件名称型号甚至名称的第一个字母等(如 7400),就可以直接显示所需元器件或同类元器件。

2. 元器件操作及参数修改

右击元器件,在弹出的快捷菜单中选择相应的操作命令,即可对元器件进行删除、复制、粘贴、方向、颜色和字体等命令的编辑。这些操作命令等同于菜单 Edit (编辑)中的对应项。双击某元器件,在弹出的元器件特性对话框中,可以设置或编辑元器件的各种特性参数,以电位器 Rp 为例,双击电位器,设置其滑动触点控制键为 A。调试电路时,直接按 A 键,则 Rp 值增加,按 Shift+A 组合键,Rp 值减小。元器件不同,对应的参数也不同。

3. 元器件布局、接线和存盘

元器件选择好后,需要遵从一般规则合理布局,将它们分别排列在原理图中恰当的位置。信号自左向右,元器件排列整齐、平衡、美观、易于阅读并预留空间给接线。把需要的所有元器件按照规划布局好后,进行接线。接线有自动接线和手动接线之分。自动接线方法是依次单击需要连接的两个端点,软件会自动完成接线,它会自动选择引脚间最好的

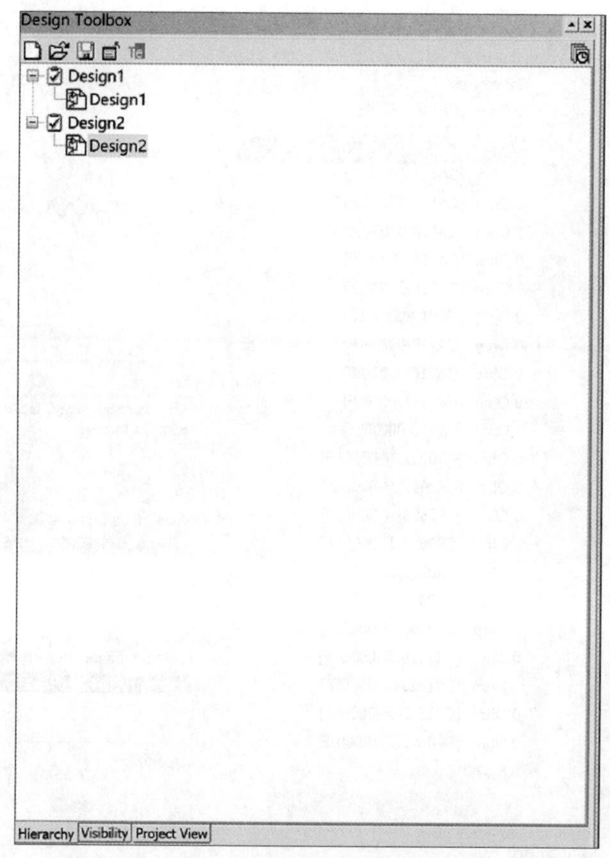

图 4.19 启动 Multisim 后自动创建空白电路文件

路径，可以避免接线与元器件重叠。手工接线要求用户自己控制接线路径，鼠标在接线过程中，在经过格点时，可以单击格点，手动使接线经过该格点并且可以连续接线。软件还可以从接线的中间点开始接线。其方法是单击 Place/Juction(放置/添加节点)，然后在接线上添加节点，之后再进行接线。在实际中常常是自动接线和手动接线结合起来使用。如果接线错误可以修改，方法是把鼠标箭头指向需要修改接线所在的节点处，当鼠标由箭头变为交叉的箭头时，拖动鼠标到正确的位置松开鼠标即可。接线、节点颜色命名等都可以修改，而且必要时可以用 Bus 总线形式接线，在此不再赘述。接线完成，检查无误后，存盘结束。

4.5.4 添加虚拟仿真仪器

Multisim 14 提供一个具有 21 种虚拟仪器的仪器工具栏，包括 NI Multisim 14 的仪器库，其中存储有数字万用表、函数信号发生器、示波器、频率特性测试仪、字信号发生器、逻辑转换仪、功率表、失真度分析仪、网络分析仪和光谱分析仪器等，默认位于原理图工作区的右边一列。使用时可以用鼠标从工具栏上拖动至原理图适当位置单击放置。仪器放置好后如同元器件一样进行接线。双击仪器图标可打开仪器的控制面板，在该控制面板中可以设置仪器的参数。这些虚拟仪器仪表的参数设置、使用方法等与真实仪器基本一致，可以根据需要选取使用。下面介绍模拟电路和数字电路实验常用的6种仪器。

1. 万用表

万用表(Multimeter)是一种可以用于测量交(直)流电压、交(直)流电流、电阻及电路中两点之间电压消耗分贝值的一种仪表，它可以自动调整量程。在仪器栏中选择万用表后，图4.20所示的图标将随鼠标的拖动而移动，在工作区适当的位置单击放置万用表，双击图标打开其控制面板，当万用表的正负端连接到电路中时将显示测量数据。万用表的控制面板从上到下可分为以下几部分。

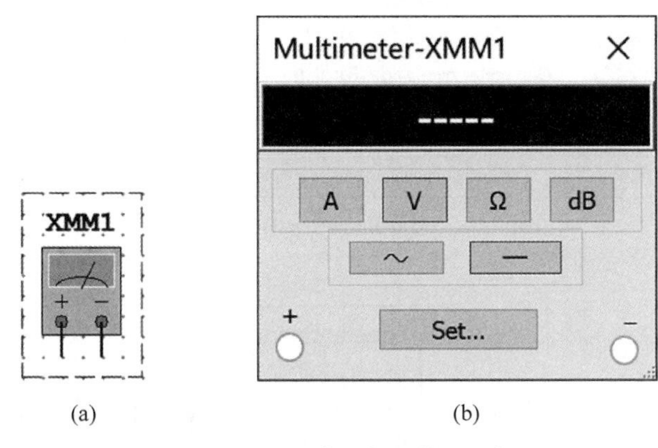

(a) (b)

图4.20 万用表图标及控制面板

(a)万用表图标；(b)万用表控制面板

(1) 显示栏：显示测量数据。

(2) 测量类型选择栏。单击A按钮表示进行电流测量，单击V按钮表示进行电压测量，单击Ω按钮表示进行电阻测量，单击dB按钮表示进行两点之间分贝电压损耗的测量。

(3) 信号模式选择栏。可选择测量交流信号或直流信号。

(4) 属性设置按钮。单击控制面板上的Set按钮将弹出图4.21所示的Multimeter Settings(万用表设置)对话框，在该对话框中可进行电流表内阻、电压表内阻、欧姆表电流和分贝相关值所对应电压值的电子特性设置，也可进行电流表、电压表和欧姆表显示范围的设置。一般情况下，采用默认设置即可。

注意：用于测量不同类型的信号时，万用表的连接形式不同。这里重点强调一下元件或元件网络的电阻的测量。要进行精确的电阻测量应保证：①被测元件网络没有电源；②被测元件或元件网络已接地；③没有其他部分和被测元件或元件网络并联。

2. 函数信号发生器

函数信号发生器(Function generator)可以提供正弦波、三角波和方波三种电压信号。在仪器栏中选择函数信号发生器后，图4.22所示的图标将随鼠标的拖动而移动，在工作区适当的位置单击放置函数信号发生器，双击图标将打开图4.22所示的控制面板，控制面板下端三个单选按钮分别表示函数信号发生器正负电压输出端和公共接地端。下面将对函数信号发生器的控制面板进行说明。

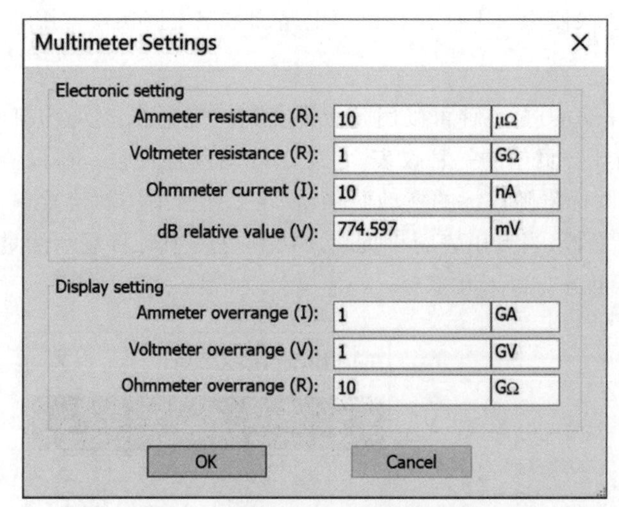

图 4.21　Multimeter Settings 对话框

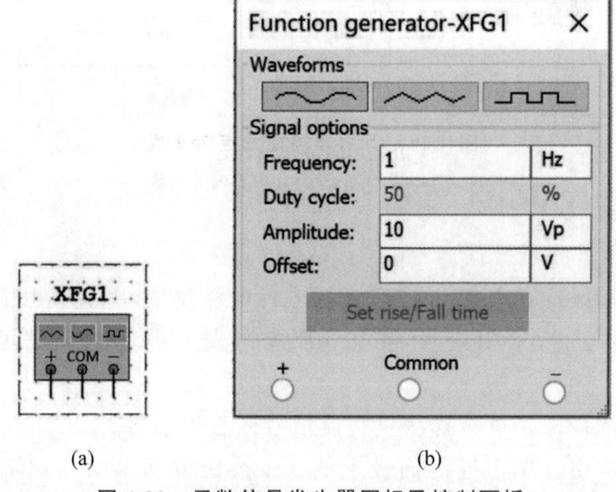

(a)　　　　　　　　　　　　(b)

图 4.22　函数信号发生器图标及控制面板

(a)函数信号发生器图标；(b)函数信号发生器控制面板

(1) Waveforms(波形)栏：从左到右依次单击按钮可以选择输出正弦波、三角波或方波信号。

(2) Frequency(频率)栏：用于设置输出信号的频率。

(3) Duty cycle(占空比)栏：用于设置输出三角波信号和方波信号的占空比。

(4) Amplitude(幅值)栏：用于设置信号的幅值，即信号直流分量到峰值之间的电压值。

(5) Offset(偏置)栏：用于设置输出信号的直流偏置电压，默认值是 0V。

(6) Set rise/Fall time(上升/下降时间)按钮：用于设置方波信号的上升和下降时间，单击该按钮可以弹出图 4.23 所示的 Set Rise/Fall Time(方波上升/下降时间设置)对话框。

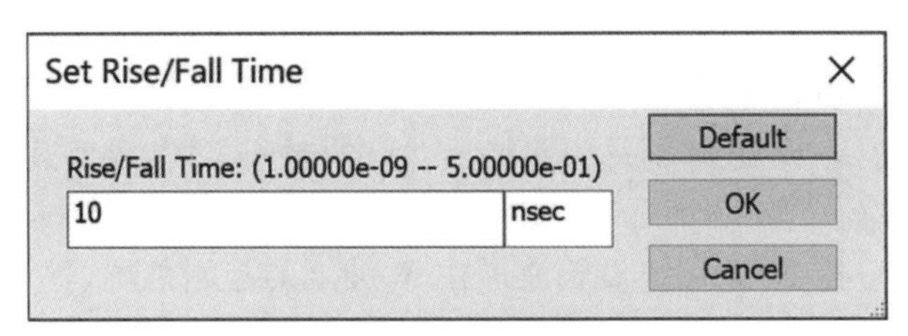

图 4.23　Set Rise/Fall Time 对话框

3. 双通道示波器

双通道示波器(Oscilloscope)是用于观察电压信号波形的仪器,可同时观察两路波形。在虚拟仪器栏中选择双通道示波器后,图 4.24(a)所示的图标将随鼠标的拖动而移动,在工作区适当的位置单击放置双通道示波器,双通道示波器图标中的三组信号分别为 A、B 输入通道和外触发信号通道。双击图标将打开图 4.24 所示的控制面板,其中主要按钮的作用调整及参数的设置和实际示波器相似,下面将对双通道示波器控制面板各部分功能进行说明。

1) 波形和数据显示部分

波形显示屏背景颜色默认为黑色,中间最粗的线为基线。垂直于基线有两根游标,用于精确标定波形的读数,可手动拖动游标到某一位置。也可以右击显示波形的标记,用以区分不同波形,或将游标拖动在其中一条波形上用以确定周期、幅值等。

波形显示屏下方的区域将显示游标所在位置的波形精确值。其中数据分为三行三列,三列分别为时间值、通道 A 幅值和通道 B 幅值,三行中 T1 为游标 1 所对应数值,T2 为游标 2 所对应数值,T2-T1 为游标 1 和游标 2 所对应数值之差。T1、T2 右边的箭头可以用来控制游标的移动。单击数据右边的 Reverse(色彩反相)按钮,可以将波形显示屏背景颜色转为白色,单击 Save(保存)按钮可以将当前的数据以文本的形式保存。

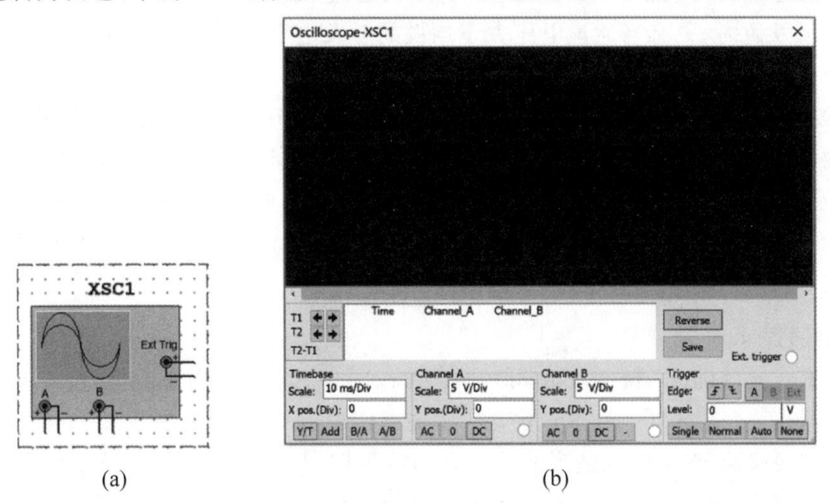

(a)　　　　(b)

图 4.24　双通道示波器图标及控制面板

(a)双通道示波器图标;(b)双通道示波器控制面板

2）时基控制部分

Timebase(时基)控制部分的各项说明如下。

Scale(时间尺度)。设置 *X* 轴每个网格所对应的时间长度，改变其参数可以将波形在水平方向展宽或压缩。

X pos(*X* 轴位置控制)。用于设置波形在 *X* 轴上的起始位置，默认值为 0，即波形从显示屏的左边缘开始。

显示方式选择。示波器的显示方式有 4 种。选择 *Y*/*T* 方式将在 *X* 轴显示时间，*Y* 轴显示电压值。选择 Add 方式将在 *X* 轴显示时间，*Y* 轴显示 A 通道和 B 通道的输入电压之和。选择 B/A 方式将在 *X* 轴显示 A 通道信号，*Y* 轴显示 B 通道信号。A/B 方式和 B/A 方式正好相反。用后两种方式显示的两个正弦波信号为李萨如图像。

3）示波器通道设置部分

A、B 通道的各项设置相同，下面进行详细说明。

Scale(*Y* 轴刻度选择)。用于设置 *Y* 轴的每个网格所对应的幅值大小，改变其参数可以将波形垂直方向展宽或压缩。

Y pos(*Y* 轴位置控制)。用于设置波形 *Y* 轴零点值相对于示波器显示屏基线的位置，默认值为 0，即波形 *Y* 轴零点值在显示屏基线上。

信号输入方式。用于设置信号输入耦合方式。当用 AC 耦合时，示波器显示信号的交流分量而把直流分量滤掉；当用 DC 耦合时，将显示信号的直流和交流分量；当用 0 耦合时，在 *Y* 轴的远点位置将显示一条水平直线。

4）触发参数设置部分

Trigger(触发)参数设置区的各项功能如下。

Edge(触发边沿)选择。可以选择输入信号或外触发信号的上升沿或下降沿触发采样。

触发源选择。可以选择 A、B 通道和外触发通道(EXT)作为触发源。选择 A、B 通道信号作为触发源时，只有当通道电压大于预设的触发电压时才启动采样。

触发电平选择。用于设置触发电压的大小。

触发类型选择。示波器的触发类型有 4 种。其中 Single 为单次触发方式，当触发信号大于触发电平时，示波器采样一次后停止采样，在此单击 Single 按钮，可以在下次触发脉冲来临后再采样。Normal 为普通触发方式，当触发电平被满足后，示波器刷新，开始采样。Auto 表示计算机自动提供触发脉冲触发示波器而无须触发信号。示波器通常采用这种方式。None 表示取消设置触发。

4. 四通道示波器

四通道示波器(four channel oscilloscope)可以同时测量 4 个通道的信号，其他功能与双通道示波器几乎完全相同。在虚拟仪器栏中选择四通道示波器后，图 4.25 所示的图标将随鼠标的拖动而移动，在工作区适当的位置单击放置四通道示波器，四通道示波器图标中的 A、B、C、D 引脚分别为 4 路信号输入端，T 为外触发信号通道，G 为公共接地端。双击图标将打开其控制面板，其中主要的设置可以参见双通道示波器，只是其 4 个通道的控制通过一个旋钮来实现，单击选择旋钮的某一个方向，可以对该方向所对应通道的参数进行设置。

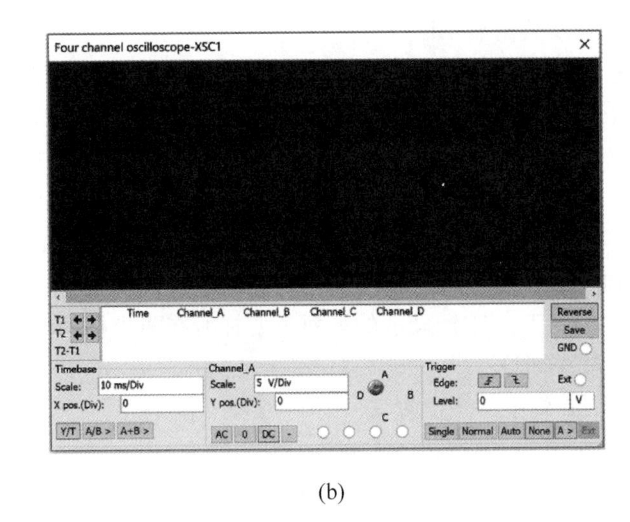

(a)　　　　　　　　(b)

图 4.25　四通道示波器图标及控制面板

(a)四通道示波器图标；(b)四通道示波器控制面板

5. 逻辑分析仪

逻辑分析仪(Logic Analyzer)用来对数字逻辑电路的时序进行分析,可以同步显示16 路数字信号。在虚拟仪器栏中选择逻辑分析仪后,图 4.26 所示的图标将随鼠标的拖动而移动,在工作区适当的位置单击放置该图标,图标左边 16 个引脚可以连接 16 路数字信号,下面的 C 端用于外接时钟信号,Q 端为时钟控制端,T 端为外触发信号控制端。双击图标可打开逻辑分析仪控制面板,控制面板可以分为以下几部分。

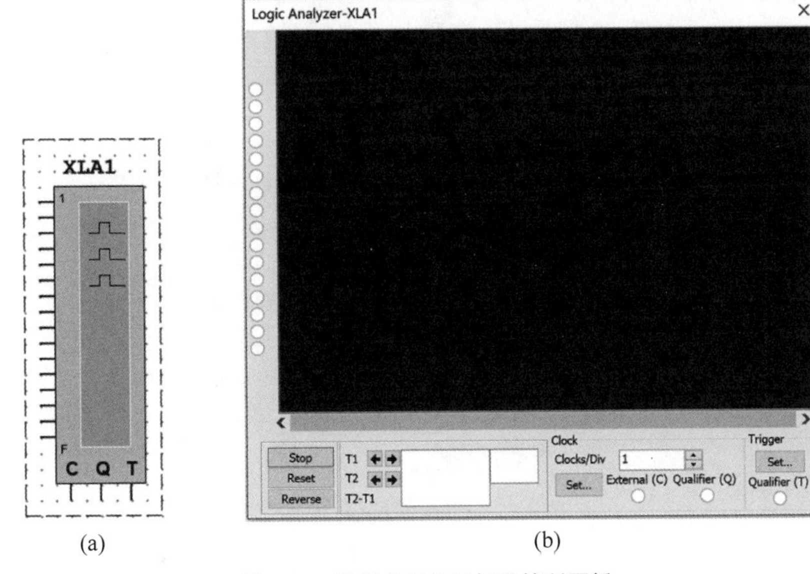

(a)　　　　　　　　(b)

图 4.26　逻辑分析仪图标及控制面板

(a)逻辑分析仪图标；(b)逻辑分析仪控制面板

1）波形及数据显示区

逻辑分析仪的显示屏用于显示16路数字信号的时序，顶端为时间坐标，左边前16行可以显示16路信号，已连接输入信号的端点，其名称将变为连接导线的网点名称，下面的Clock_Int为标准参考时钟，Clock_Qua为时钟检验信号，Trigg_Qua为外触发信号检验信号。

两个游标用于精确显示波形的数据，波形显示屏下方的T1和T2两行的数据分别为两个游标所对应的时间值，以及由所有输入信号从高位到低位所组成的二进制数所对应的十六进制数，T2-T1行显示的是两个游标所在横坐标的时间差。

2）控制按钮区

（1）Stop按钮。停止仿真。

（2）Reset（重置）按钮。重新进行仿真。

（3）Reverse（色彩反相）按钮。设置波形显示屏的背景颜色为反色。

3）Clock选项区

其中Clock/Div栏用于设置一个水平刻度中显示脉冲的个数。单击下方的Set按钮，可以弹出图4.27所示的Clock Setup（采样时钟设置）对话框，该对话框的各项设置如下。

（1）Clock source（时钟源）区域。用于设置时钟信号为外部（External）时钟或内部（Internal）时钟，当选择外部时钟后，Clock qualifier选项可设，即可选时钟限制字为1、0或X。

（2）Clock rate（时钟频率）区域。用于设置时钟信号频率。

（3）Sampling setting（采样设置）区域。该区域用于设置采样方式，包含三个选项。其中Pre-trigger samples（触发后取样点）选项用于设置触发信号到来之前的采样点数；Post-trigger samples（触发后采样点）选项用于设置触发信号到来后的采样点数；Threshold volt.（V）（门限电压）选项用于设置门限电压。

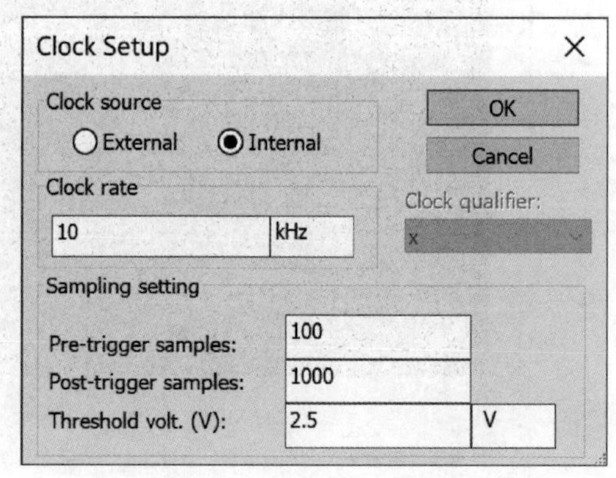

图4.27　Clock Setup对话框

4）Trigger选项区

单击Set按钮，可打开如图4.28所示的Trigger Settings（触发方式设置）对话框，其中包括以下几部分。

(1) Trigger clock edge(触发时钟边沿)选项区。用于设定触发方式,可选 Positive(上升沿触发)、Negative(下降沿触发)或 Both(上升沿、下降沿皆可)。

(2) Trigger qualifier(触发校验)栏。用于设定触发检验,可选 0、1 或 X。

(3) Trigger patterns(触发模式)选项区。用于选择触发模式,有三种可供选择的触发模式 A、B、C。用户可以编辑,每个模式中包含 16 位字,每位可选 0、1 或 X,在 Trigger combinations(触发模式组合)下拉列表框中可以选择这三种模式中的一种或这三种模式的某种组合(如与、或等)。

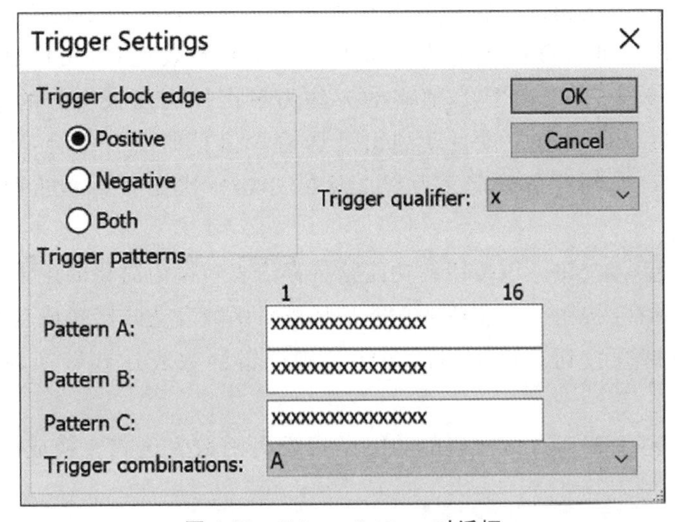

图 4.28　Trigger Settings 对话框

6. 逻辑转换仪

逻辑转换仪(Logic converter)是 Multisim 特有的仪器,能够完成真值表、逻辑函数表达式和逻辑电路三者之间的相互转换。在仪器栏中选择逻辑转换仪后,图 4.29 所示的图标将随鼠标的拖动而移动,在工作区适当的位置单击放置该图标,图标中共有 9 个

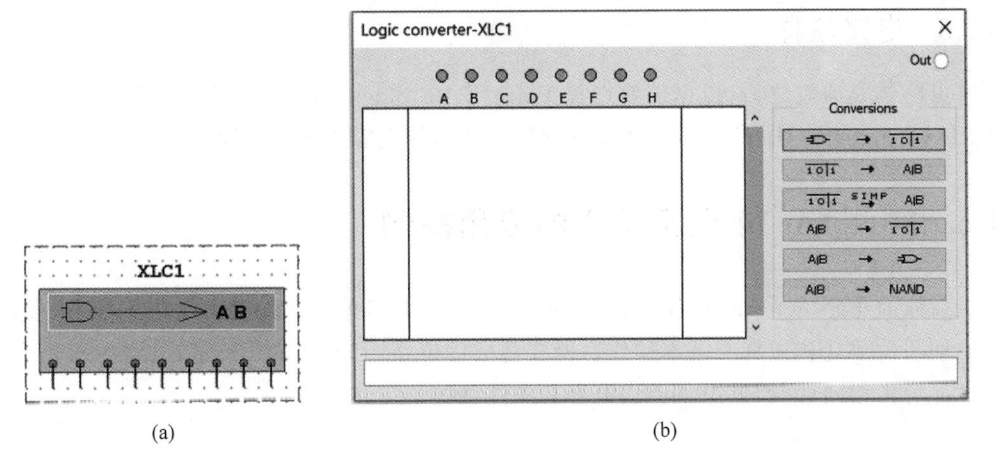

图 4.29　逻辑转换仪图标及控制面板

(a)逻辑转换仪图标;(b)逻辑转换仪控制面板

接线端，左边的8个端子为输入端子，连接需要分析的逻辑电路输入信号，最后一个端子是输出端子，连接逻辑电路的输出端。双击图标可打开逻辑转换仪控制面板，控制面板最上面的A～H为输入端。连接端子个数确定后，该栏中会自动列出前两栏的数值，输出的数值可由分析结果给出或由用户定义。真值表下方的空白栏中可显示逻辑函数表达式。最右边的Conversions(转换)栏中有6个控制命令，它们的功能分别说明如下。

(1) [⊳ → 10|1]按钮。该按钮的功能是将已有逻辑电路转换成真值表。

(2) [10|1 → A|B]按钮。该按钮是将真值表转换为逻辑函数表达式。当真值表是由逻辑电路转换而得，可以直接单击该按钮得出逻辑函数表达式；用户也可以新建真值表来推导逻辑函数表达式，新建真值表的方法为单击控制面板上方的输入端子，使已选的端子变为白色，真值表中将自动列出已选输入信号的所有组合，输出端的状态初始值全部为未知(?)，用户可以定义为0、1或X(单击一次变为0，单击两次变为1，单击三次变为X)。

(3) [10|1 SIMP → A|B]按钮。该按钮的功能是将真值表转换为简化的逻辑函数表达式。

(4) [A|B → 10|1]按钮。该按钮的功能是将逻辑函数表达式转换成真值表。

(5) [A|B → ⊳]按钮。该按钮的功能是将逻辑函数表达式转换为逻辑门组成的电路。

(6) [A|B → NAND]按钮。该按钮的功能是将逻辑函数表达式转换成由与非门组成的逻辑电路。

4.5.5 开始仿真

电路绘制好后开始仿真，选择Simulate(仿真)/Run(运行)或者单击快捷键命令Run→Stop(运行→停止)命令，软件自动检查线路。如果没有错误，则可以打开并观察虚拟仪器和分析结果等。如果有错，则Multisim自动中断运行。可以根据提示或数据表观察区检查修改电路，修改结束后重新仿真，直到仿真通过为止。

4.5.6 电路注释

电路仿真通过之后，根据需要选择Place/Title Block(标题栏)、Place/Text(文本)或Place→Comment(注释)等命令添加标题栏和文本等内容来注释电路。

4.6 Multisim 14在实验中的应用举例

前面简单介绍了Multisim的基本使用方法，下面以单极共射放大电路仿真来介绍电路原理图的建立和仿真的基本操作。所要建立的电路图如图4.30所示，电路中所用到的元件都为常用元件，如电源、电阻、电容和晶体管等。

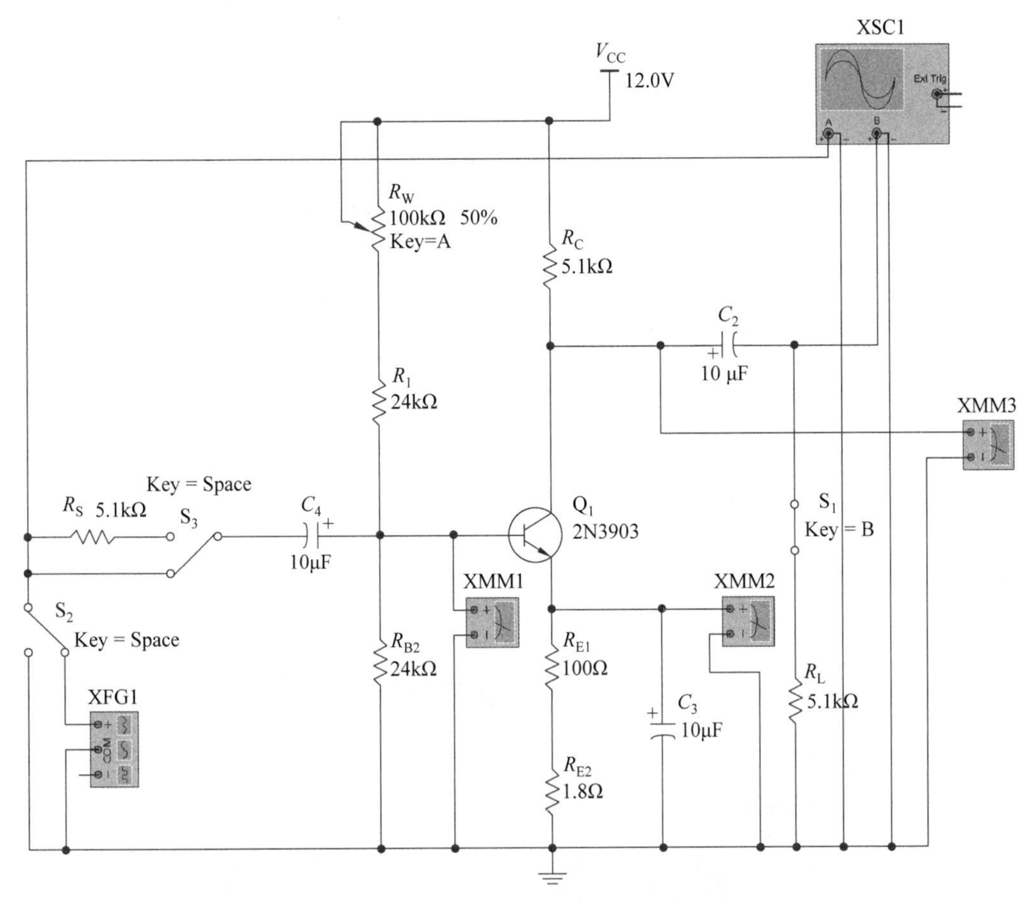

图 4.30 单极共射放大电路图

4.6.1 建立新的原理图

首先启动 Multisim，启动后会自动建立一个名为 Design1 的空白电路文件。在建立电路原理图之前，需要对窗口进行一些简单设置。首先打开 Options（选项）菜单下的 Global Preferences（全局设置）窗口，将元件的符号标准选为 ANSI，然后再打开 Options 菜单下的 Sheet Properties 对话框进行简单的窗口设置，主要设置如图 4.31 所示。

在 Sheet visibility 选项卡中，主要设置整体电路图中元件参数的显示项目，勾选 Component（元器件）选项组下相应的复选框，页面在右上角显示预览；为了方便电路的仿真分析，可选择显示所有的网点名称（Net Names），也就是选择 showall 项。设置完成后单击 OK 按钮保存设置，如图 4.31(a)所示。

在 Workspace 选项卡中，主要设置窗口形式。为了抓图清晰，可以不选择栅点。窗口的大小根据所设计电路的情况进行设置，由于本例中电路较简单，选择较小的窗口即可。设置完成后单击 OK 按钮保存设置，如图 4.31(b)所示。

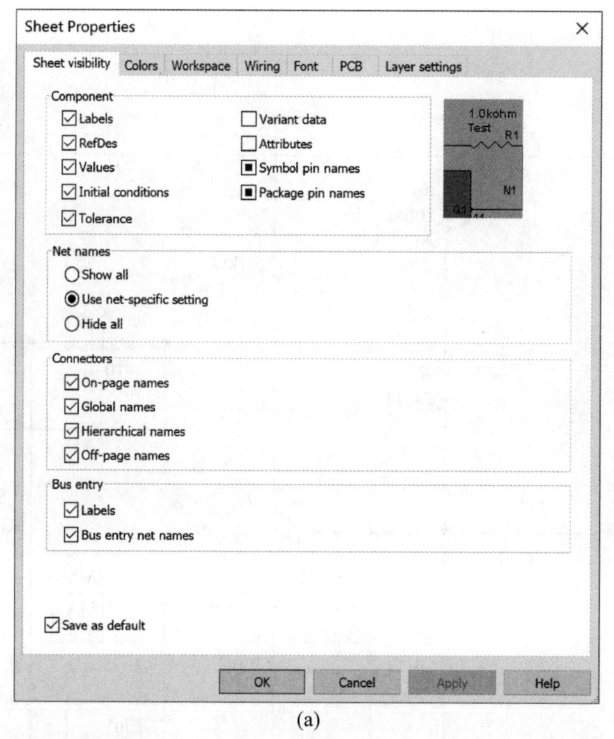

(a)

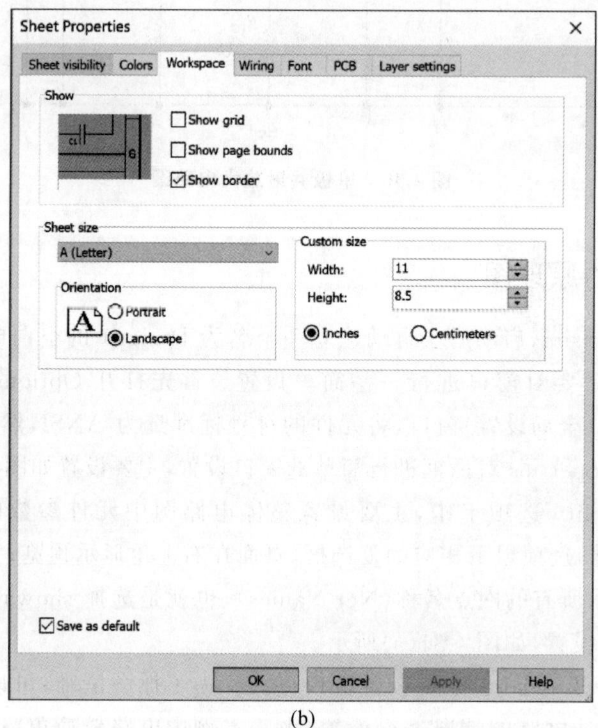

(b)

图 4.31　Sheet Properties 对话框

(a)Sheet visibility 选项卡；(b)Workspace 选项卡

4.6.2 元器件操作与调整

1. 元器件的操作类型

(1) 选取元器件。元件可在窗口中的工具栏中选取,也可选择 Place 菜单下的 Component(元器件)按钮打开 Select a Component(元件选择)对话框进行选取,如图 4.32 所示。所有元件总的分为几组,各组下又分出几个系列(Family),各系列元件在 Component 栏下显示。当选中相应的元件,元件的符号将在右边的符号窗内显示;单击右边的 Detail Report(详细信息)按钮,将显示元件的模型数据;显示元件的详细信息;单击 View Model (查看模型)按钮,再单击 OK 按钮,将选择当前元件;当不清楚要选择的元件在哪个分类时,单击 Search(搜索)按钮,将出现图 4.33 所示的 Component Search(查找元件)对话框,当知道芯片的部分名称,可用"*"代替未知部分进行查找,如要查找晶体管 2N3903,但仅知道元件后面的编号,可按图 4.33 所示的形式进行查找,单击 Search 按钮,将弹出图 4.34 所示的 Search Results(元件查找结果)对话框,选择要找的元件,单击 OK 按钮选取元件。

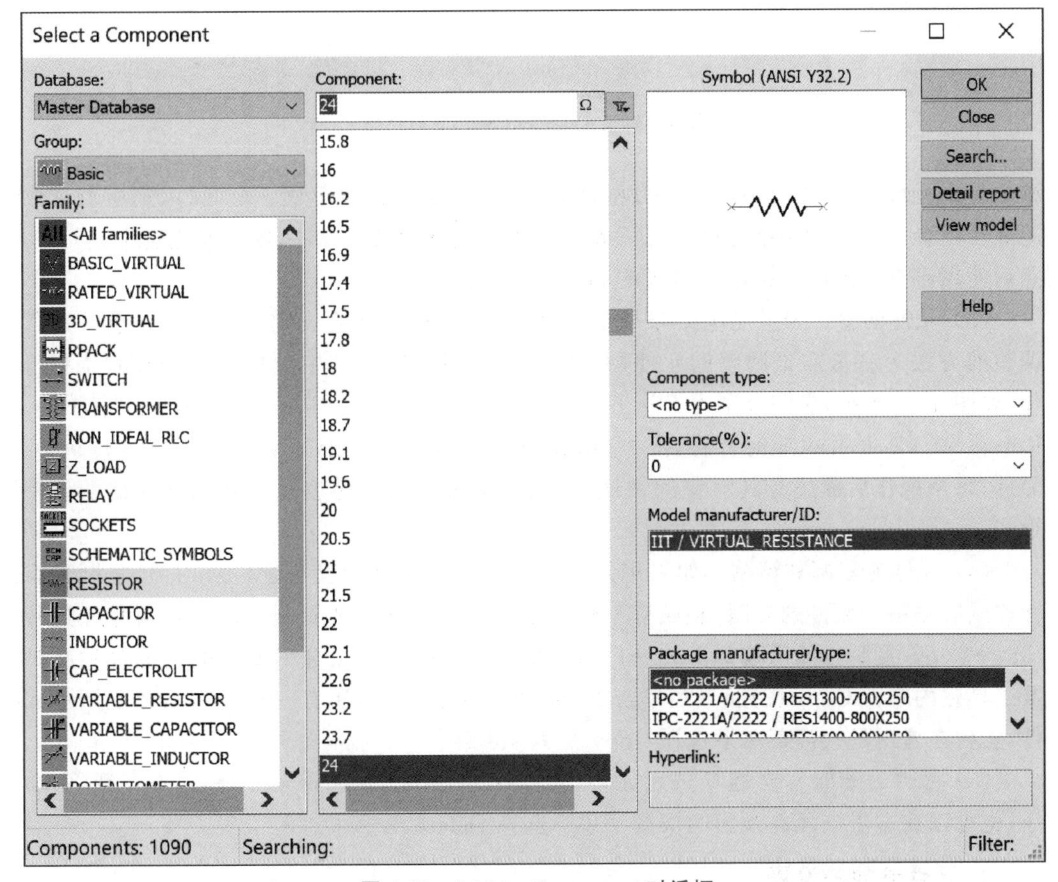

图 4.32 Select a Component 对话框

(2) 移动元件。要把工作区内的某元件移到指定位置,只要拖动该元件即可。若要

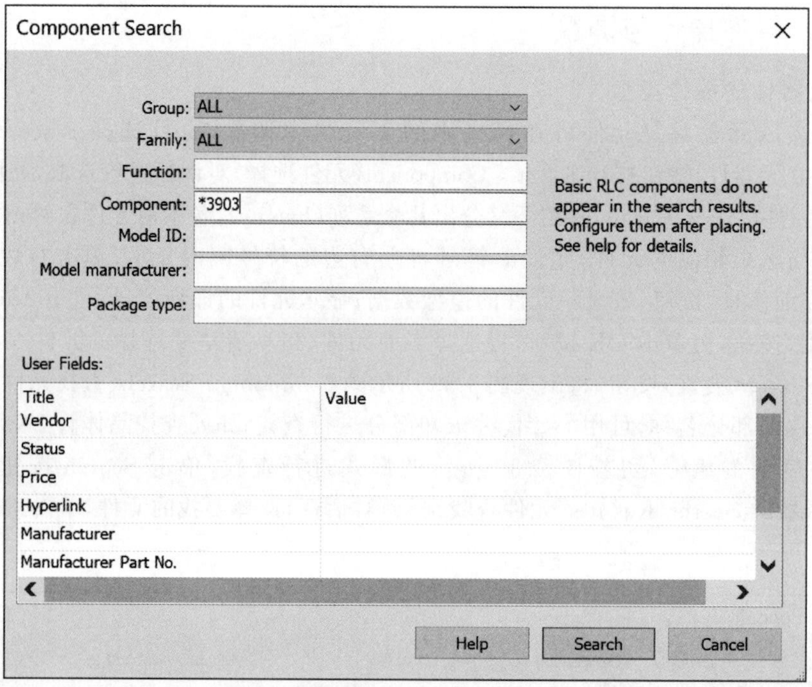

图 4.33　**Component Search 对话框**

移动多个元件，则需要将移动的元件框选起来，然后拖动其中任意一个元件，则所有选中的元件将会一起移动到指定的位置。如果只想微微移动某个元件，则需要先选中该元件，然后使用键盘上的箭头键进行位置的调整。

(3) 元件调整。为了使电路布局更合理，常需要对元件的放置方位进行调整。元件调整的方法为右击需要调整的元件，将弹出一个快捷菜单，其中包括元件调整的 4 种操作，如图 4.35 所示，它们分别为 Flip horizontally(水平反转)、Flip vertically(垂直反转)、Rotate 90° clockwise(顺时针旋转 90°)和 Rotate 90° counter clockwise(逆时针旋转 90°)。另外，每个操作后面还有其对应的快捷键，元件调整的快捷键也是一种方便快捷的调整形式。

(4) 元件的复制和粘贴。如果用到的元件当前的电路中已有，则可以直接复制已有元件然后粘贴。元件的复制/粘贴有三种方法。一种是选中要复制元件后在菜单栏选择 Edit→Copy(复制)，然后选择 Edit→Paste(粘贴)命令；一种是选中要复制的元件后在标准工具栏内单击 Copy 按钮，然后单击 Paste 按钮进行粘贴；还有一种是右击要复制的元件，然后在弹出的快捷菜单下选择 Copy 及 Paste 命令。

(5) 元件的删除。要删除选定元件，可按 Delete 键，或选择 Edit→Delete(删除)命令，也可以在右击该元件弹出的快捷菜单下选择 Delete 命令。

2. 元件参数的设置

双击电路工作区内的元件(如电阻)，会弹出属性对话框，该对话框包括 5 页选项卡，下面分别介绍各页选项卡的功能及设置。

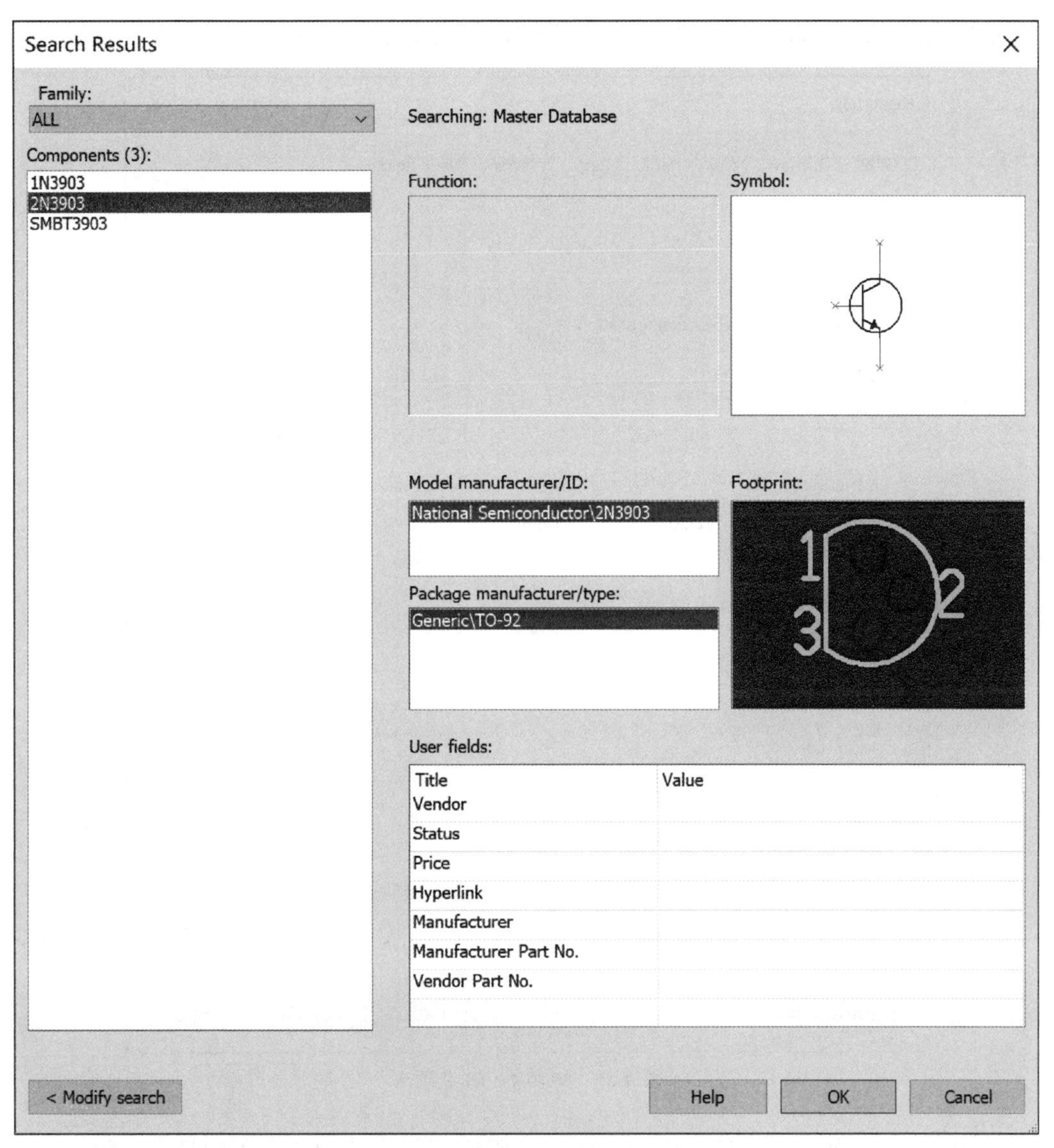

图 4.34　Search Results 对话框

Flip horizontally	Alt+X
Flip vertically	Alt+Y
Rotate 90° clockwise	Ctrl+R
Rotate 90° counter clockwise	Ctrl+Shift+R

图 4.35　元件调整的快捷菜单

(1) Label选项卡。该选项卡如图4.36所示,可以用于修改元件的Label(标识)和RefDes(编号)。标识是用户赋予元件容易识别的标记,编号一般由软件自动给出,用户也可以根据需要自行修改。有些元件没有编号,如连接点、接地点等。

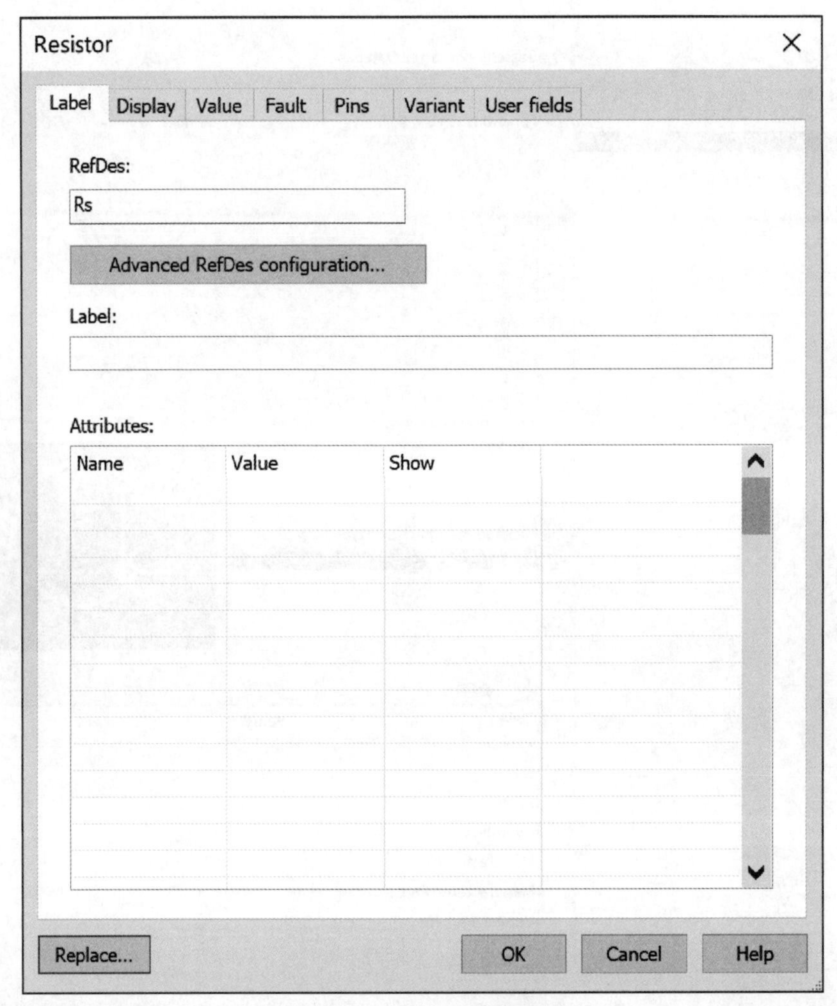

图4.36　电阻Label选项卡

(2) Display选项卡。该选项卡如图4.37所示,用于设置已选元件的显示参数。

(3) Value(参数)选项卡。当元件有数值大小时,如电阻、电容等,可在该选项卡中修改元件标称值、容差等数值,还可以修改附加的SPICE仿真参数及编辑元件引脚,如图4.38(a)所示。当元件有数值大小且为电源类,如电压源,其Value选项卡如图4.38(b)所示,需要设置的参数除了幅度、相位等数值,还包括用于不同仿真时的相关设置。当元件无数值大小,如晶体管、放大器等,Value选项卡的内容如图4.38(c)所示,该选项卡上面显示的是元件信息,右下方按钮的功能分别是在Edit component in DB(数据库中编辑元件)、Save component to DB(将元件保存到数据库)、Edit package(编辑引脚)和Edit model(编辑元件模型)。

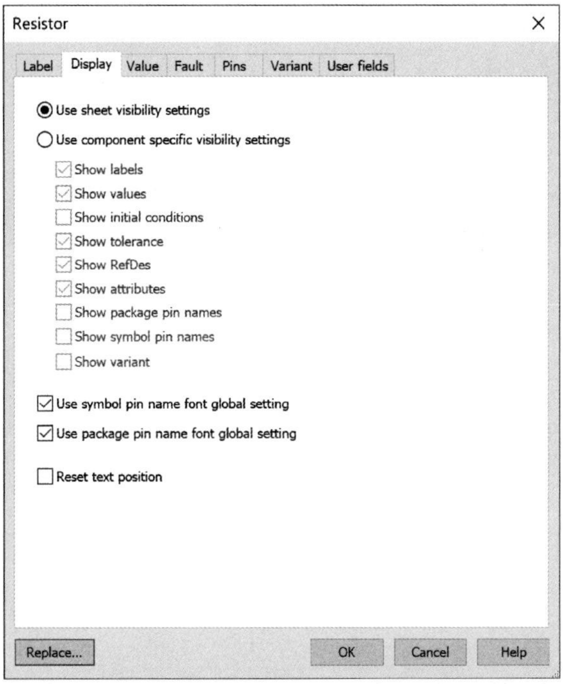

图 4.37 电阻 Display 选项卡

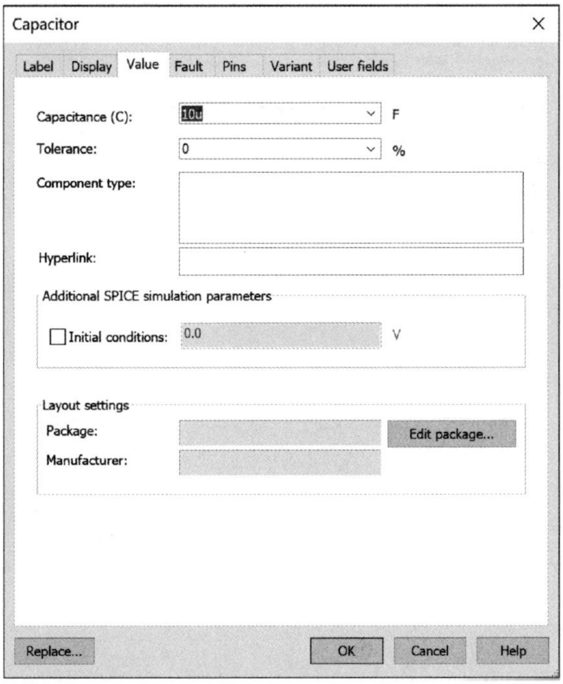

(a)

图 4.38 Value 选项卡

(a) 电容 Value 选项卡；(b) 电压源 Value 选项卡；(c) 晶体管 Value 选项卡

AC_POWER ×

Label Display Value Fault Pins Variant

Voltage (RMS):	20m	V
Voltage offset:	0	V
Frequency (F):	1k	Hz
Time delay:	0	s
Damping factor (1/s):	0	
Phase:	0	°
AC analysis magnitude:	1	V
AC analysis phase:	0	°
Distortion frequency 1 magnitude:	0	V
Distortion frequency 1 phase:	0	°
Distortion frequency 2 magnitude:	0	V
Distortion frequency 2 phase:	0	°
Tolerance:	0	%

Replace... OK Cancel Help

(b)

BJT_NPN ×

Label Display Value Fault Pins Variant User fields

Source location:	Master Database / Transistors / BJT_NPN
Value:	2N3903
Package:	TO-92
Manufacturer:	Generic
Function:	

Hyperlink:

Edit component in DB

Save component to DB

Edit package

Edit model

Replace... OK Cancel Help

(c)

图 4.38 （续）

(4) Fault(故障)选项卡。该选项卡如图4.39所示,可以利用该选项卡在电路仿真过程中元件相应引脚处人为设置故障点,如开路、断路及漏电阻。默认设置为None,即不设置故障。

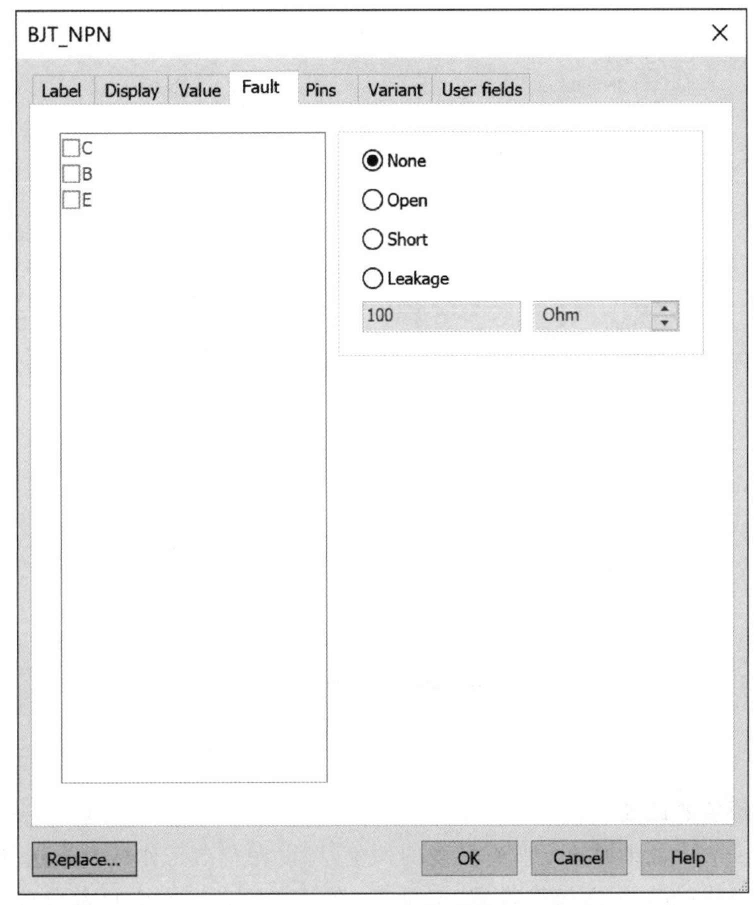

图4.39　Fault选项卡

有些元件属性窗口还包含Pins(引脚)选项卡、Variant(变量)选项卡和User Fields(用户添加内容)选项卡等,它们的主要设置内容分别为引脚相关信息、元件变量状态和用户增加内容。由于这些选项卡的设置不常用,这里就不作详细介绍。元件属性窗口左下方有Replace按钮,其功能是在弹出的元件选择窗口中选择其他元件来替换当前元件。

4.6.3　元件的连接

将所用的元件放置于工作区内后,需要根据电路对元件进行连接。下面介绍元件连接的相关内容。

1. 导线的连接

下面以图4.40为例来看导线连接的方法。将鼠标指向要连接的端点时会出现十字光标，单击可引出导线，再将鼠标指向目的端点，该端点变红后再次单击即完成了元件的自动连接，如图 4.40(a)所示。当需要控制接线过程中导线的走向时，可在关键的地方单击以添加导线拐点，如图 4.40(b)所示。

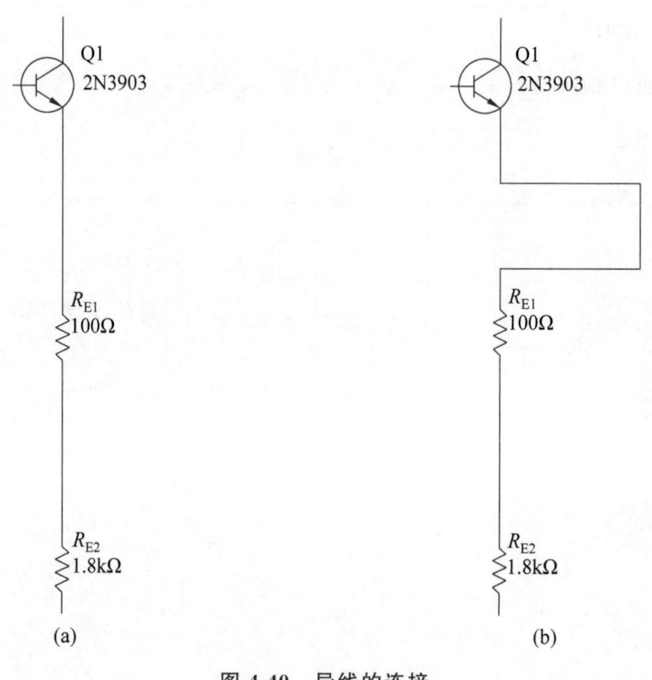

图 4.40 导线的连接

(a)直线连接；(b)拐点连接

2. 导线颜色的改变

在 Multisim 中如果要改变所有导线的颜色，可以在空白工作区右击选择属性命令，打开 Sheet Properties(页面属性设置)对话框，在其中的自定义颜色部分改变所有导线(Wire)的颜色，如图 4.41 所示。

若仅要改变单一导线的颜色，则右击该导线，选择 Net Color(导线颜色)选项，可弹出图 4.42 所示的 Colors(颜色)对话框，在其中选择合适的颜色单击 OK 按钮即可。

3. 导线的删除

导线的删除可以右击要删除的导线，在弹出的快捷菜单中选择 Delete 命令，如图 4.43 所示。或者用户可以单击选中导线，然后按 Delete 键对导线进行删除。

4. 导线上插入

要在两个元件的导线上插入元件，只需将待插入的元件直接拖动放在导线上，然后释放即可。

4.6.4 节点的使用

节点是一个实心的小圆点，节点可以作为导线的端点，也可以用于导线的交叉点。在

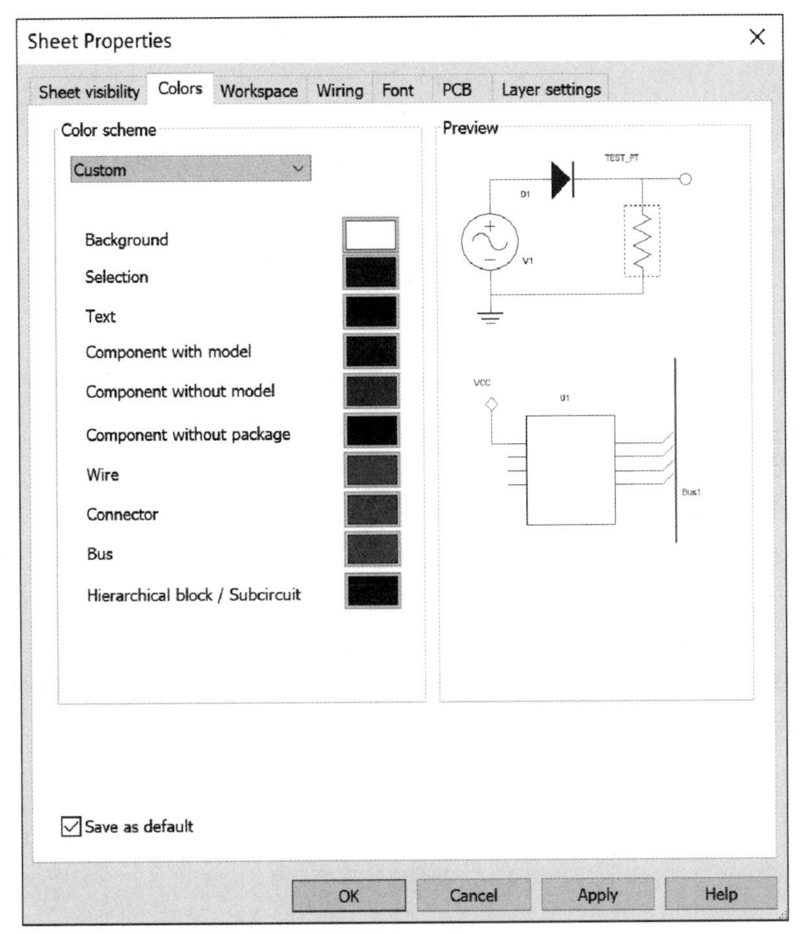

图 4.41 导线颜色设置

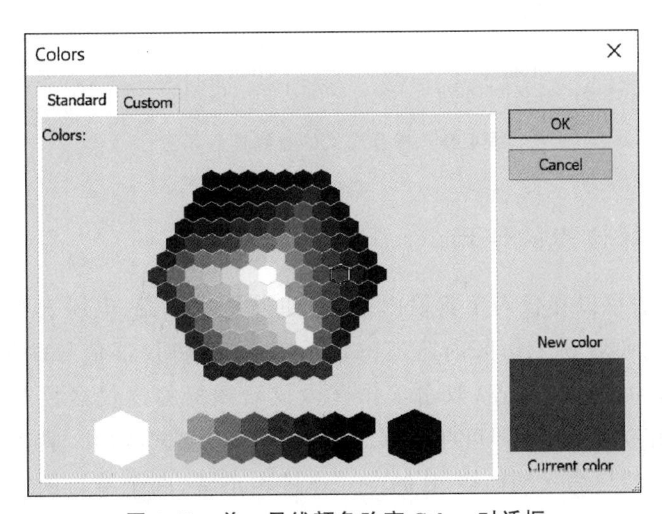

图 4.42 单一导线颜色改变 Colors 对话框

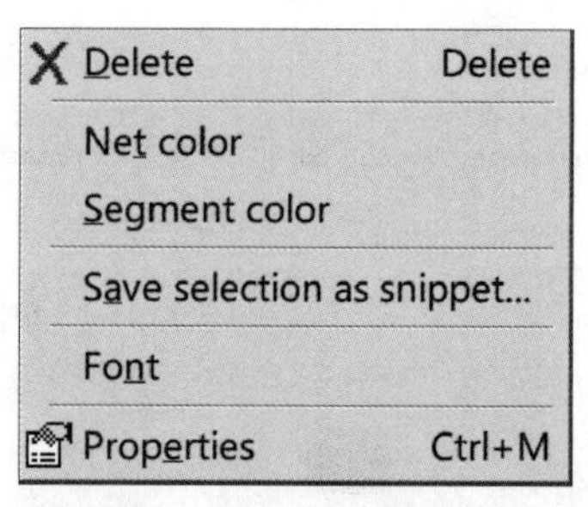

图 4.43　导线的删除快捷菜单

Multisim 中要连接导线，必须同时有两个端点，在电路要引出输出端的情况下，可以在工作区空白处放置一个节点，然后将节点与元件一端相连，如图 4.44 所示。如果要使相互交叉的导线连通，则需要在交叉处放置一个节点，如图 4.45 所示。

节点的选取有两种方法。一种是在菜单栏的 Place 菜单下选择 Junction(节点)命令，即可将节点放在工作区内适当的位置；另一种方法是在空白工作区右击，并在弹出的快捷菜单中选择 Place On Schematic(原理图上放置)→Junction 命令。在电路中软件为每个节点分配一个编号，双击与节点相连的导线可以显示该节点的属性对话框，其中包括节点编号，用户可以对该编号重新设置，但不能和已经有的编号相冲突，节点属性(Junction Properties)对话框中还可以设置是否在电路中显示该节点的编号。

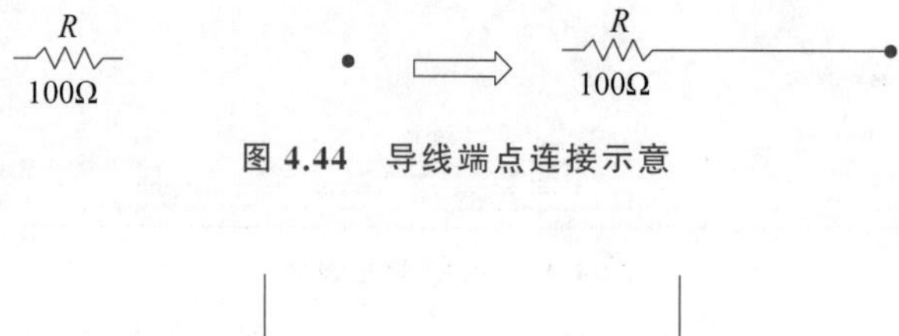

图 4.44　导线端点连接示意

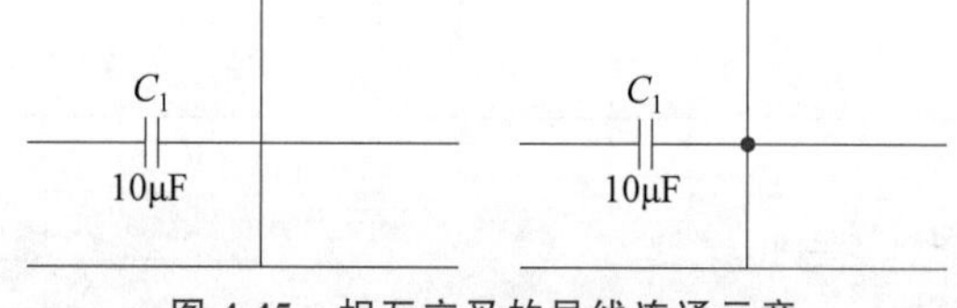

图 4.45　相互交叉的导线连通示意

4.6.5　测试仪器仪表的使用

测试仪器仪表可以在仪表工具栏内选择，如果是示波器、电压表等测试仪器，则选择所需仪器，拖动仪器到工作区内适当位置单击放置，将仪器信号端和接地端分别与电路中的测试端和接地端相连，双击工作区内仪器图标弹出仪器控制面板，调整仪器参数后，单击电路仿真按钮，即可在仪器面板上观察到测试波形。具体到本实验中，双踪示波器 A 的“＋”与输入端连接，B 的“＋”连接输出端，两个端口的“－”都与地相连。如果是探针类仪表，则将其直接放置在适当的导线处，对电路进行仿真，即可观察到测试数据。

4.6.6　电路的文本描述

工作区内的文本描述主要包括三部分：标题栏、文本和注释。标题栏中包括电路的主要信息，如电路的名称、描述、设计者、设计日期等；文本主要是对电路原理或关键信息的描述；注释为对电路的特别标注。下面介绍三种文本描述的添加方法。

1. 添加标题栏

选择 Place→Title Block（放置→标题文本框）选项，打开标题栏编辑对话框，在该窗口可以看到 Multisim 自带的是十个标题栏模板，用户可以根据软件自带的标题栏模板文件进行格式的修改。每个标题栏模板形式不同，所显示的内容也不相同，打开 DefaultV7 模板，其中标题栏格式可以右击选择 edit symbol→title block（编辑符号→标题文本框）命令进行修改，各栏内容可以双击图标打开也可右击选择 Properties 命令打开属性设置窗口修改。修改后的标题栏，用户可以将当前模板另存为 new.tb7 模板。

当要在工作区内添加标题栏时，在菜单栏的 Place 菜单下选择 Title Block 命令，弹出 Title Block 的对话框，此时可以选择的模板除了软件自带的模板外，还有刚创建的 New 模板，选择该 New 模板，然后将其放置在工作区内的适当位置，此时标题栏的形式如图 4.46 所示。其中已经显示信息为打开前电路默认的信息，没有显示的信息需要用户添加。双击标题栏，打开标题栏设置对话框，在该对话框中可以对需要显示的信息进行增加或修改。

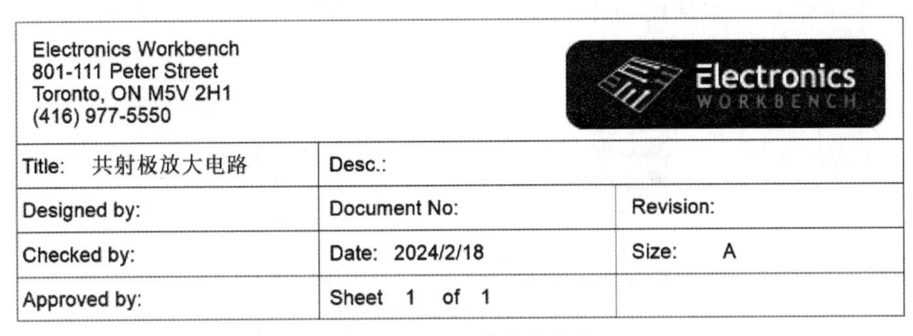

Electronics Workbench
801-111 Peter Street
Toronto, ON M5V 2H1
(416) 977-5550

Title:　共射极放大电路	Desc.:	
Designed by:	Document No:	Revision:
Checked by:	Date:　2024/2/18	Size:　A
Approved by:	Sheet　1　of　1	

图 4.46　New 标题栏模板

标题栏在工作区可以任意拖动，也可以选择菜单栏中 Edit 菜单下的 Title Block Position 命令使菜单栏分别放置到工作区的 4 个角上。

2. 添加文本

在电路工作区中添加文本的方法为选择菜单栏中 Place→Text 命令或在工作区任意位置右击，在弹出的快捷菜单中选择 Place Graphic→Text 命令，然后在工作区内单击要添加文本的位置，将出现闪动的光标，输入文本后单击工作区内其他位置，即完成文本编辑，此时已经添加的文字组成一个文本框。双击此文本框可以对文本进行修改。右击文本框，在弹出的快捷菜单中可以选择相应命令对文本的字体、颜色、大小等属性进行编辑。若要移动文本框，拖动文本框到新位置。

3. 添加注释

在电路工作区添加注释的方法有两种。一是选择菜单栏中 Place 菜单下的 Comment 命令；二是在工作区任意位置右击，在弹出的快捷菜单中选择 Place Comment 命令。选择上面的命令后，一个类似于图钉的图标将随鼠标的移动而移动，单击将其放置在适当位置，文字注释部分颜色反相，用户可以添加注释，如图 4.47(a)所示。编辑完成后，注释将自动隐藏，如图 4.47(b)所示。此时将鼠标移向图标，注释显示，如图 4.47(c)所示。

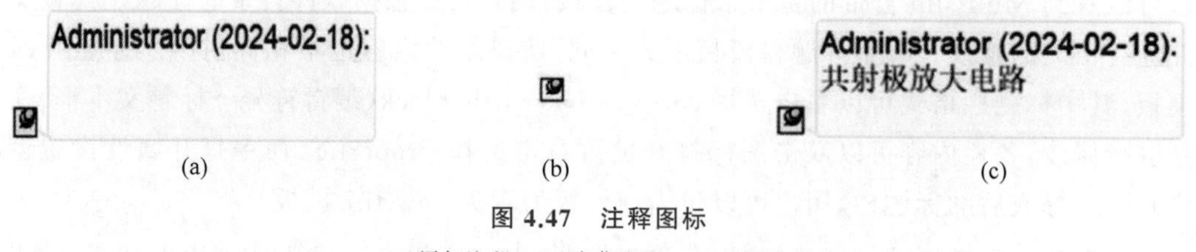

图 4.47 注释图标

(a)添加注释；(b)隐藏注释；(c)显示注释

右击注释图标，将弹出图 4.48 所示的快捷菜单，除了复制、删除等基本操作外，还可以进行如下操作。选择 Show Comment/probe(显示注释/探针)命令后，图标上的注释框将始终显示；选择 Edit Comment(编辑注释)命令后，注释框将反白，用户可以编辑注释；选择 Font(字体)命令后，可以改变字体；选择 Properties(属性)命令将弹出 Comment Properties(注释属性)对话框，如图 4.49 所示，在该对话框中可以设置注释框中背景及文本的颜色、注释框大小及注释内容等信息。

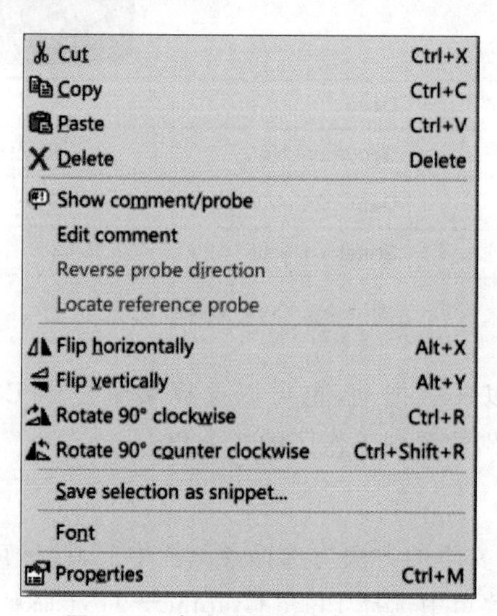

图 4.48 右击注释弹出快捷菜单

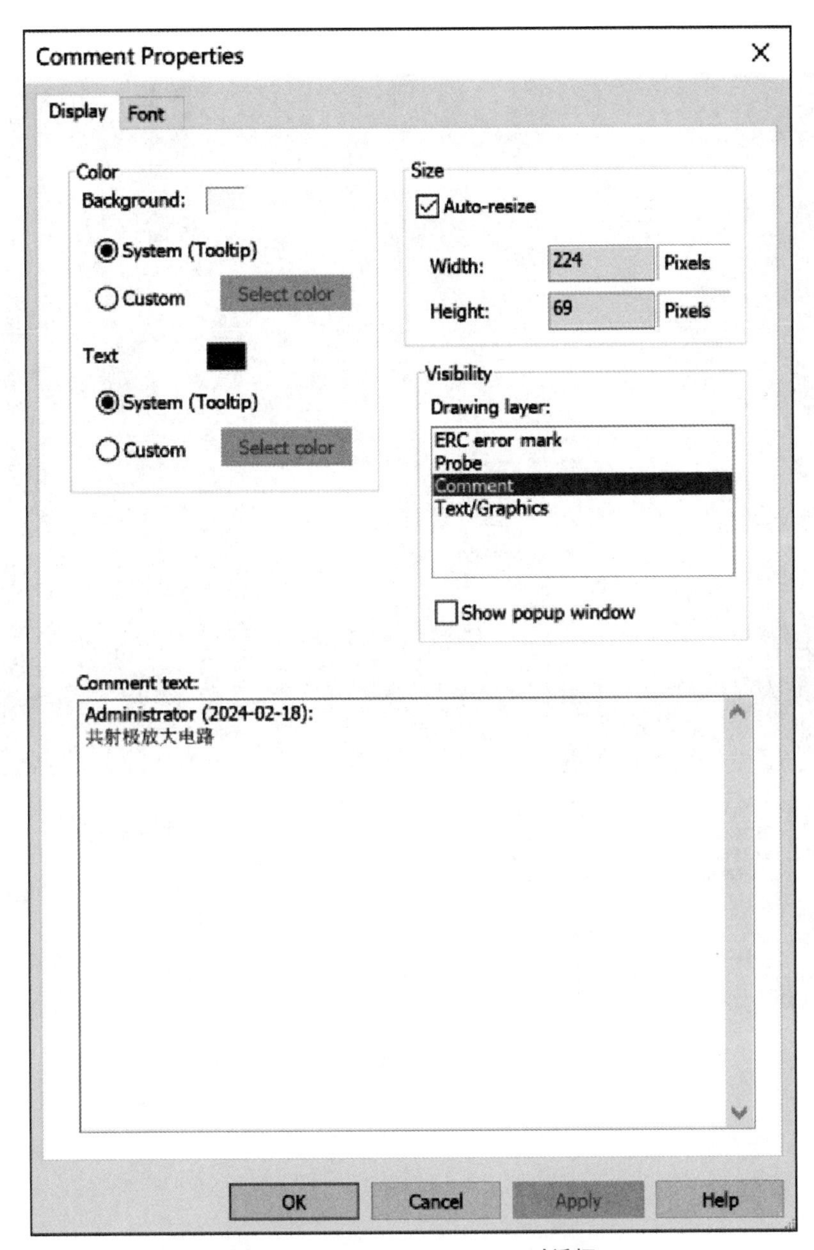

图 4.49 Comment Properties 对话框

4.6.7 电路仿真

连接好电路并进行保存，如图 4.50 所示，对电路进行仿真可以检验所建电路的工作性能。单击 Multisim 工具栏中的仿真开关，然后双击打开双踪示波器，并调整时间轴和幅值轴，使显示的波形方便观察，示波器的波形图仿真结果如图 4.50 所示，红色波形为输入信号，绿色为输出信号，大约放大－85 倍。

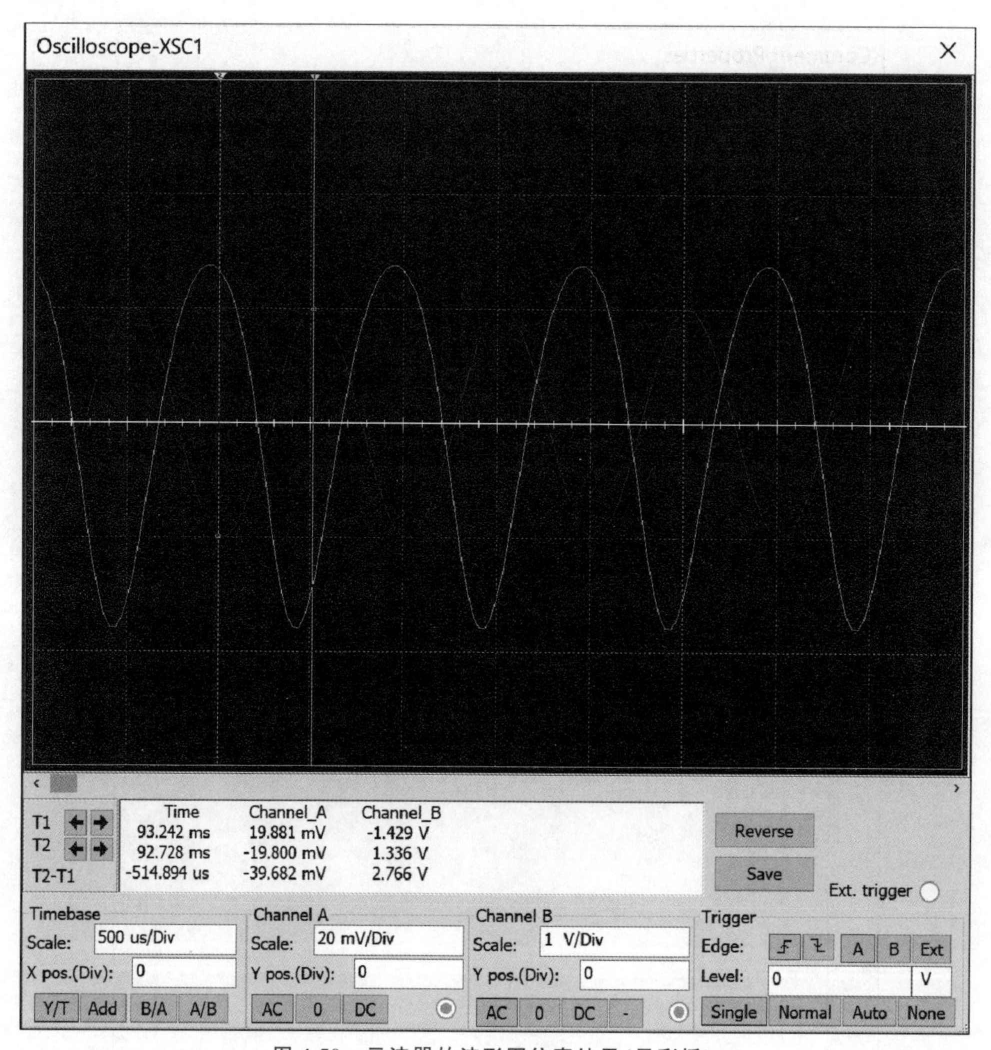

图 4.50　示波器的波形图仿真结果(见彩插)

附录A　部分数字集成电路芯片引脚功能排列

部分数字集成电路芯片引脚功能排列如图 A.1～图 A.9 所示。

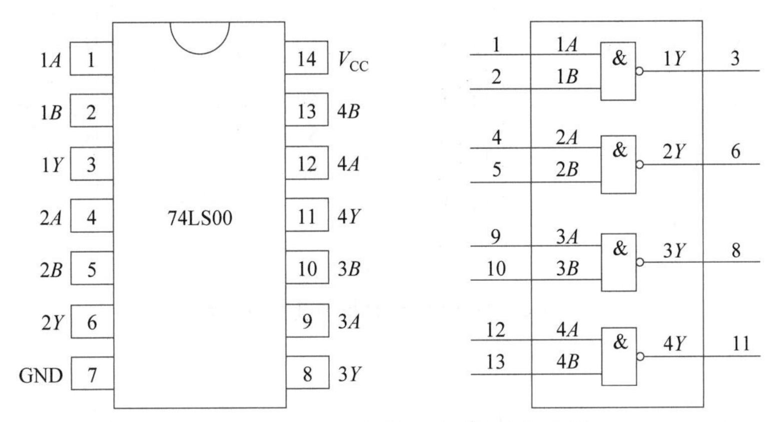

图 A.1　74LS00 与非门引脚及内部逻辑

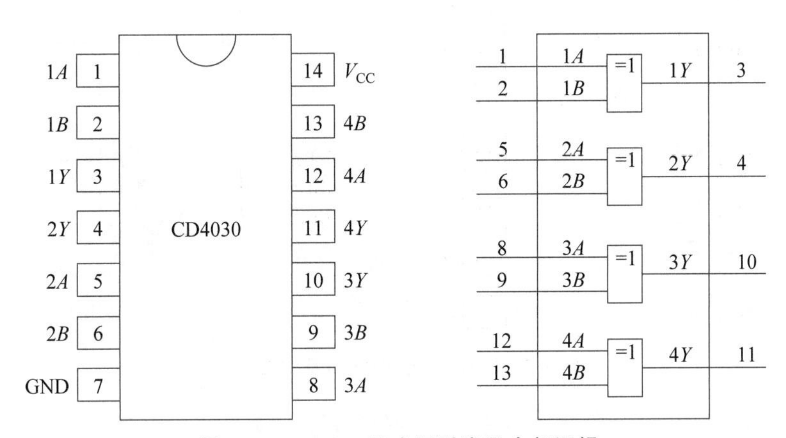

图 A.2　CD4030 异或门引脚及内部逻辑

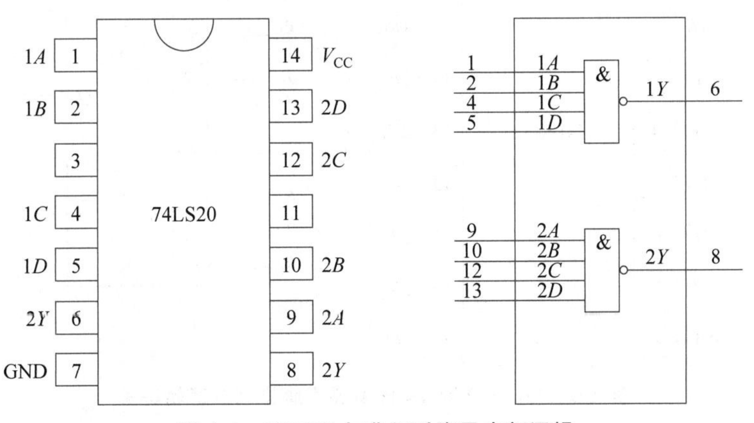

图 A.3　74LS20 与非门引脚及内部逻辑

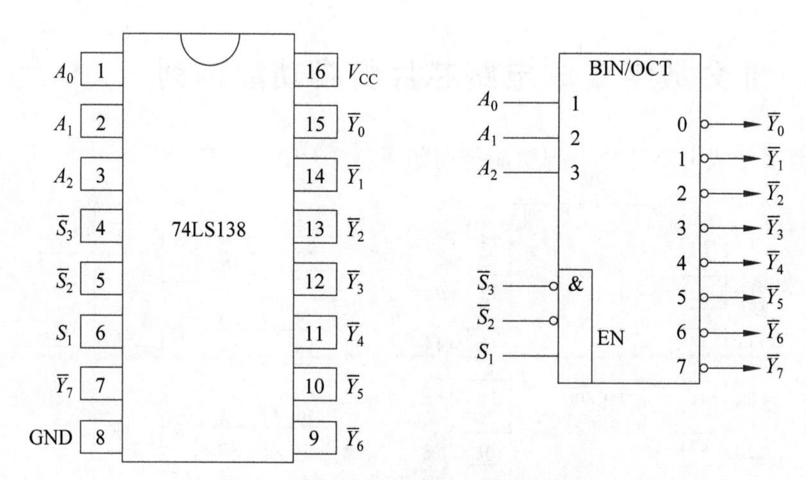

图 A.4 74LS138 引脚排列及逻辑符号

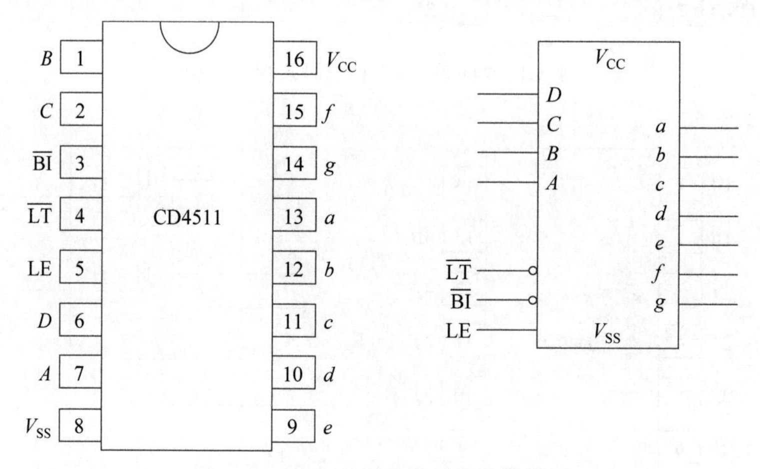

图 A.5 CD4511 引脚排列及逻辑符号

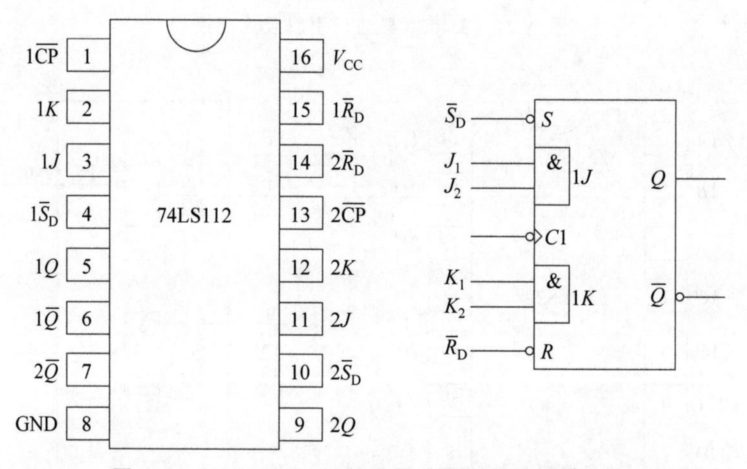

图 A.6 74LS112 双 JK 触发器引脚排列及逻辑符号

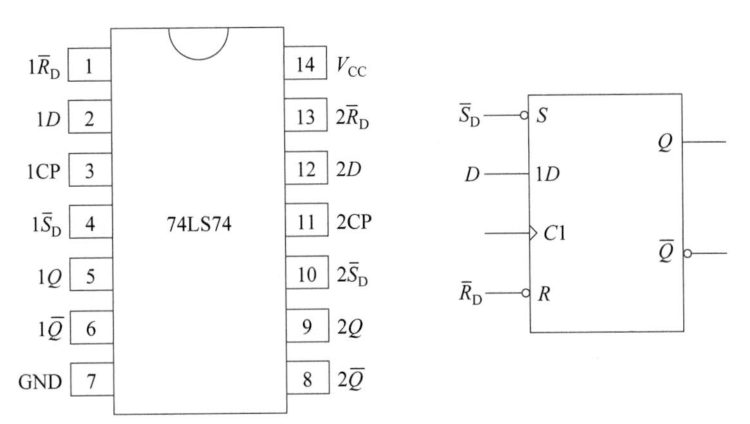

图 A.7　74LS74 双 D 触发器引脚排列及逻辑符号

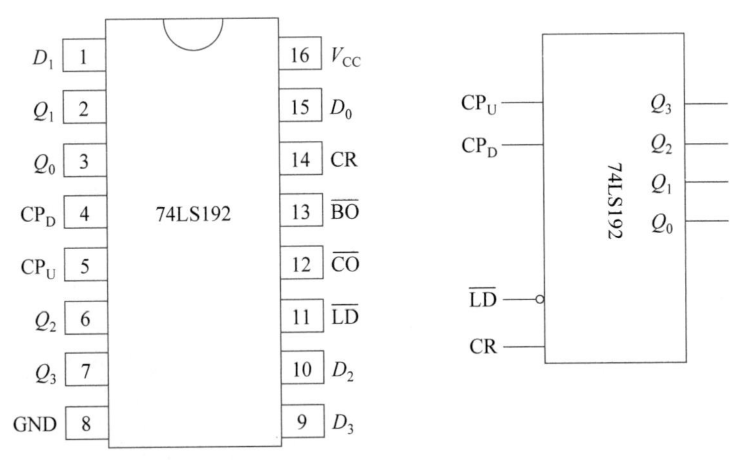

图 A.8　74LS192 可逆计数器引脚排列及逻辑符号

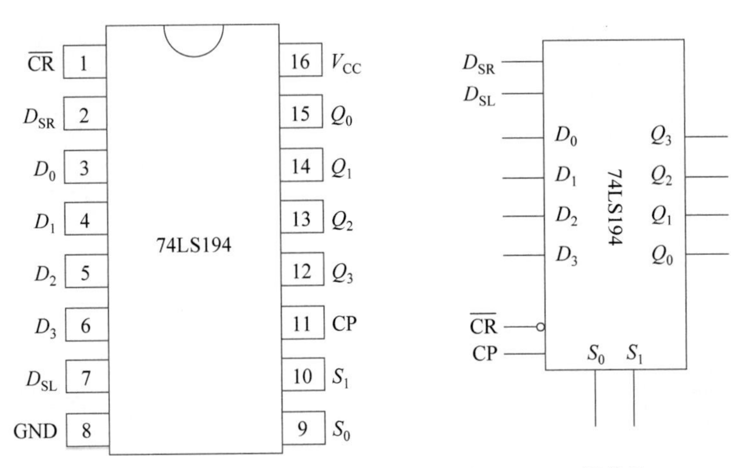

图 A.9　74LS194 双向移位寄存器引脚排列及逻辑符号

参 考 文 献

[1] 宋军，徐锋，吴海清，等. 模拟与数字电子技术实验教程[M]. 2 版. 南京：东南大学出版社，2023.

[2] 梁秀梅. 模拟与数字电子技术实验教程[M]. 北京：中国铁道出版社，2022.

[3] 江姝妍，路明礼. 模拟电路与数字电路实验教程[M]. 西安：西安电子科技大学出版社，2023.

[4] 孔庆生. 模拟与数字电路基础实验[M]. 上海：复旦大学出版社，2014.

[5] 周润景，李波，王伟. Multisim 14 电子电路设计与仿真实战[M]. 北京：化学工业出版社，2023.

[6] 周润景，崔婧，等. Multisim 电路系统设计与仿真教程[M]. 北京：机械工业出版社，2018.

[7] 熊伟，侯传教，梁青，等. 基于 Multisim 14 的电路仿真与创新[M]. 北京：清华大学出版社，2021.